孙轶飞

著

用显微镜看大象

人民文学出版社　天天出版社

图书在版编目（CIP）数据

用显微镜看大象 / 孙轶飞著. —— 北京：天天出版社，2021.9（2025.2 重印）

（了不起的生物学）

ISBN 978-7-5016-1740-1

Ⅰ.①用… Ⅱ.①孙… Ⅲ.①细胞－普及读物 Ⅳ.①Q2-49

中国版本图书馆CIP数据核字(2021)第167607号

责任编辑： 郭 聪   **美术编辑：** 林 蓓
责任印制： 康远超 张 璞

出版发行： 天天出版社有限责任公司
地址： 北京市东城区东中街42号   **邮编：** 100027
市场部： 010-64169002

印刷： 河北博文科技印务有限公司   **经销：** 全国新华书店等
开本： 880×1230 1/32   **印张：** 6.5
版次： 2021年9月北京第1版 **印次：** 2025年2月第8次印刷
字数： 114千字   **印数：** 47,001-52,000 册

书号： 978-7-5016-1740-1   **定价：** 38.00 元

目录 Contents

约 350 年前：显微镜横空出世

前面的话：
如何用显微镜看大象？

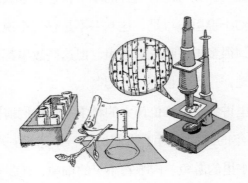

　　在我们的生活中，有些东西从名字就能看出来它是干什么用的，比如，望远镜能帮助我们看到远处的景色；显微镜能帮助我们看清微小的东西……在这本书中，我们就重点来说说显微镜。

　　在学习生物这门学科的时候，我们一定会上实验课，在实验课上，经常会用到一种很实用的实验器材——显微镜，我们会用它去观察动物和植物那些非常细微的结构。

但在这本书里，我要教给你的是如何用显微镜去看大象。你肯定知道，大象是现存的陆地上体形最大的动物，你也肯定会产生这样的疑问，实验室里的显微镜可比大象小多了，我们怎么把大象塞到显微镜底下呢？

难道我发明了能够让物体变小的东西，把大象缩小后放到显微镜下面吗？我可没有这样的本事，这么强大的技术只能出现在科幻小说里。可是，这本书不是科幻小说，虽然你会在里面读到很多未曾听说的故事，但这些故事都在历史上真实地发生过，一点儿也不"科幻"。

这本书里讲到了十几位伟大的科学家，他们前前后后花费了2000多年的时间告诉了我们这样一个道理：不论是路边的青草、水里的游鱼、肉眼看不见的细菌，还是非洲草原上奔跑的大象，只要是我们已知的所有生物，它们几乎都有着相同的结构，那就是细胞。

这些生物不管是大还是小，构成它们的细胞却非常相似。细胞就像一个装满水的气球，外面有一层薄薄的膜，叫作细胞膜；在细胞膜里装满了液体，那是细胞液；在细胞液中漂浮着很多重要的结构，名为细胞器；其中，最重要的细胞器就是细胞核。别看细胞的结构这么复杂，实际上，绝大多数的细胞很小，一般情况下，我们用肉眼根本看不见。

　　说到这里，你就明白了，尽管大象庞大的身躯并不能被放到显微镜下，但是，大象的细胞却可以轻而易举地被显微镜探个究竟。你即将读到的这本书虽然书名是《用显微镜看大象》，其实并不是关于大象的故事，之所以叫这个名字，是想要告诉你，哪怕是大象这么大的动物，其实也是由小小的细胞构成的。

　　在19世纪，细胞学说被正式提出，为我们解答了这样一个问题：构成生物的基本单位究竟是什么。

　　革命导师恩格斯曾经指出，19世纪的自然科学界有三项最重要的发现，它们分别是：能量守恒与转换定律、进化论以及细胞学说。可以看到，细胞学说在整个科学界的地位非常重要，它是认识生命的基础理论。只有了解了细胞学说，我们才能够了解生命是如何构成的，生物体的各项功能又是如何实现的。而我最想告诉你的是，所有的知识都不是凭空而来，而是经历了漫长的岁月逐渐被发现、被认识、被拓宽。

　　2000多年前，古希腊人认为人体和宇宙存在隐秘的联系，人体是一个整体，对人体的结构不太关心。细胞学说则告诉我们，人体就像一座座楼房，细胞就是那一块块砖头，正是这些小巧精致的砖头垒在一起造就了了不起的我们。

从浩瀚的宇宙到肉眼看不见的细胞，这是怎样一个漫长、艰辛而有趣的过程？想要知道答案，就请跟我一起来吧。你在这本书里的确不会看到大象的身影，但你会知道把大象放到显微镜下会有什么神奇的发现，这次奇妙的科学探险之旅正式起航！

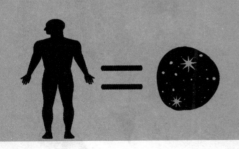

约 2500 年前：
从宇宙到人体

第一章

燃烧吧，我的小宇宙！

希波克拉底 (Hippocrates，约前 460 — 前 377)

　　古希腊人认为人体和宇宙是和谐统一的，人体就是一个小宇宙。当时，很多哲学家认为世界是由四种元素构成的，促使那时的医生认为人体中也存在四种体液，它们是否平衡决定了人体是否健康。真的是这样的吗？人体中真的有个小宇宙吗？

既年轻又古老的生物学

　　生物学是一门非常年轻的学科。为什么这么说呢？

　　在英语里，"生物学（Biology）"这个单词，直到19世纪才出现。换句话说，生物学从出现到现在，只有大约200年的时间。如果和数学这种发展了几千年的学科相比，生物学简直就是一个刚出生的孩子。

　　但事情并没有这么简单，生物学又是一门非常古老的学科。这是怎么回事呢？

实际上，自从人类的祖先出现在地球上的那一刻，生物学就已经诞生了。为什么这么说呢？我们从名字上看，"生物学"就是研究生物的科学，因此，所有关于生物的知识都应该算在生物学的研究范围内。

在两三百万年前，我们的祖先出现在了非洲草原上。人需要吃东西才能存活下来，但能吃什么呢？植物的种子和果实当然是很好的选择，如果能捕捉到一些动物就有肉吃了。不管是去树上摘果子，还是到水里捞鱼，或者在草原上捉羚羊，听起来都不错，能填饱肚子才是硬道理。既然是这样，人们掌握一些关于动植物的知识就太有必要了。

哪种植物有毒不能吃？哪种植物的果实好吃？哪种鱼的刺少？哪种羚羊跑得慢，容易被捉住？这些都是有关生物的知识，而且是非常实用的知识。从这个角度看，当我们的祖先为了填饱肚子而绞尽脑汁的时候，就已经在不经意间积累了不少关于生物学的经验和认识。

比如说，他们很容易就发现了植物和动物之间有非常大的区别。植物只能在一个地方生长，而动物可以四处乱跑。这样粗浅的知识在我们今天看来简直不值一提，但是对于我们的祖先来说，哪怕是最简单的东西，也是从无到有的飞跃。

在大约一万年前，人类掌握了一门非常重要的技术——农业技术。可千万不要小看种庄稼这件事，自然界里有那么多植物，但并不是每一种植物都适合被种植。如果某一种植物的种子特别小，数量又特别少，那么，农民辛辛苦苦种了它一年，可是收获的粮食都不够自己填饱肚子，那是肯定不行的。

在农业发展的过程中，农民首先要选择合适的植物，然后在种植的过程中不断地进行育种，改良庄稼的性质，让它们在合适的环境里有更好的收成，味道变得更好吃。毫无疑问，这些知识都属于生物学的范畴。如果从农业出现开始计算，生物学也已经有一万年的历史了。

从科学的分科角度看，生物学只有短短约200年历史；而从人们开始获得生物学知识的角度看，生物学的历史长极了，我们很难找到它明确的起点。

总之，我们可以说生物学是一门既年轻又古老的学科。

哲学家眼里的"小·宇宙"

在"生物学"这个概念出现之前，自然没有"生物学家"，那么，在漫长的岁月里，是谁在从事有关"生物"的工作呢？

让我们从遥远的古代出发，沿着时间的长河顺流而下，你看，一群可敬可爱的哲学家正在古典时代的欧洲等着我们。

所谓古典时代是指古希腊、古罗马时期。

"哲学（Philosophy）"这个词的本义是"爱智慧"，哲学家就可以看作是热爱智慧、渴望知识的人。在当时的哲学家眼里，一切知识都属于他们的研究范畴，有关生物的知识自然也不例外。就这样，哲学家成为了最早研究"生物"的人，不过他们并不是唯一对"生物"感兴趣的人。

如果说起人类对什么最感兴趣，恐怕人们最关心的是跟自己有关系的事情。什么跟我们的关系最大呢？那就是我们的身体了。人类毕竟也是众多生物中的一种，研究我们的身体当然也属于日后生物学的一部分，所以把研究人体作为自己本职工作的医生就类似早期的"生物学家"。医生研究"生物"成了一个传统，在上千年的时间里，那些著名的生物学家往往都当过医生。

因为生物学有这样的历史，所以在接下来的故事里，你会经常看到哲学家和医生的身影。

如果我们能回到古希腊，一定会在雅典遇到那时的哲学家和医生，听他们兴高采烈地谈论着关于生物的知识。但遗憾的是，你可能听不懂他们在说什么，毕竟他们说的是希腊语；不过，如果你听懂了他们说的话，一定会大吃一惊，因为他们很可能这样说：

"燃烧吧，我的小宇宙！"是不是有点儿耳熟？

没错，直到现在，当你在看电影或看电视的时候，有时还会听到角色人物说起这句话。一般说这句话的时候，往往是说话人准备发奋努力，用这句话给自己加油鼓劲，也是向别人表一下决心。而古希腊的哲学家和医生说这句话是因为他们把我们的身体看成了"小宇宙"。可是，我们的身体里怎么会有宇宙呢？

我们先来看看什么是宇宙。在中国的古代汉语里关于"宇宙"是这样解释的："上下四方曰宇，古往今来曰宙。"也就是说，"宇"字是代表所有空间，"宙"字是代表所有时间，那么"宇宙"就是所有空间和时间的总称。

在物理学的概念里，宇宙指的就是所有空间和时间以及其中所有物质的总和。

既然宇宙如此广大，我们的身体里当然是不可能容纳下整个宇宙的。那么，古希腊哲学家和医生所说的"我的小宇宙"这个说法是什么含义呢？难道我们的身体里有个器官叫作"小宇宙"吗？

和谐的人体 = 和谐的宇宙

现代医学告诉我们，人体的每个部分各有各的用处。比如，胃负责储存食物，小肠负责消化食物，肺的功能是呼吸空气，眼睛是用来看东西的……找遍全身的每一个角落，也没有任何一个器官的名字跟"宇宙"相关。如果人体中真的有个部位叫作"小宇宙"，我们一定非常好奇它的功能是什么。

那么，"小宇宙"这个说法是从哪儿来的呢？

今天我们知道，人类也是一种动物，但是古希腊时期的人们认为，人类跟动物很不一样，人类才是世界的主人。在

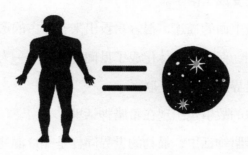

他们看来，人类的身份和地位很特殊，和宇宙、世界之间的关系很密切、很特别。换句话说，人体和宇宙之间是和谐统一的，世界是个大宇宙，人体是个小宇宙。

实际上，"世界和人体之间存在联系"这种观念的历史非常悠久，早在神话时代就已经出现了，而且在很多文明里都有类似的故事。

在中国的神话传说里，世界最初是混沌一片，盘古开辟了天地，于是清气上升成为青天，浊气下降形成大地；盘古呼出的气化成了风云，他发出的声音化作雷霆；在开辟天地之后他的身体化成了世间的万物：盘古的左眼变成太阳，右眼变成月亮，身体和四肢变成了巍峨的山脉，血液变成了奔流的江河，肌肉变成了肥沃的土壤，头发和胡须变成了天上的星辰，牙齿和骨骼变成了黄金和玉石，就连从他身上流下的汗水也变成了雨水。

通过上面的描述，很容易看出来，盘古的形象和人类没什么区别，而他的身体化成了世间的万物——人类的身体就和整个世界之间建立了联系。

类似的故事也出现在希腊神话里。

在希腊神话里，最初的世界同样是一片混沌，后来在这片混沌之中诞生了女神该亚和男神乌拉诺斯，该亚变成了大地，乌拉诺斯变成了天空。

天文学家曾经在希腊神话里找到灵感，用神灵的名字给天体命名，太阳系八大行星的名字就源自这里。比如，天王星的名字Uranus就来自刚才提到的天神乌拉诺斯，而地球是属于大地女神该亚的星球。"小宇宙"的说法就萌生在古希腊文明中，传达了当时的人们对于人体和宇宙的看法。

在神话时代里人们相信神灵的力量，但是在哲学时代里，人们渐渐地开始相信自己的思考才是认识和主宰世界最重要的途径。这是两种完全不同的看待世界的方式，但是"人和宇宙和谐统一"的这种认识世界的观念却被长久地保留了下来。

数字"4"的秘密

既然是这样，宇宙有什么样的规律，在人体之中也应该存在同样的规律。古希腊人认为，整个宇宙是和谐的、均衡的，所以人体也应该如此。这一点最为重要，至于人体内的具体结构，古希腊人不是那么关心。

简单地说，在古希腊人眼里，人的身体就是一个和谐、均衡的整体。那么，这种和谐和均衡在人体当中是怎么体现出来的呢？故事要从直角三角形说起。

你肯定听说过勾股定理，是说在直角三角形里，两条短边长度的平方加在一起等于斜边长度的平方。这个在中国叫勾股定理的几何基本原理，在西方被认为是古希腊著名的哲学家、数学家毕达哥拉斯发现的，所以叫作毕达哥拉斯定律。传说毕达哥拉斯发现这个定理之后非常兴奋，宰了100头牛来庆祝，所以这个定理又叫百牛定理。

毕达哥拉斯对数学和数字都特别感兴趣，他不仅用数字探索直角三角形的奥秘，还认为整个世界都是可以用数字来解释的，数字是这个世界上最和谐、最美好的东西。那么，在众多数字之中，哪个才是最重要、最和谐的呢？就是数字4，关于这个数字还有一段有趣的故事。

我们一只手有5根手指，两只手就是10根手指，整个数字系统的发明就和手指的数量有关系，世界上大部分的数字体系都是以5为基础的。比如，不管是十进制还是二十进制，都是5的倍数。

这么说来，最和谐的数字应该是10啊！于是，毕达哥拉斯做了一番深入的思考，他发现1+2+3+4=10，如果把10个点排成一个等边三角形的话，就是4行，每个边4个点，这样看起来特别和谐。所以，毕达哥拉斯就认为"4"这个数字特别重要、特别美好，这个世界上的所有事物都能够并且应该用数字4来进行解释。

毕达哥拉斯的观点影响很大，而且他建立了毕达哥拉斯学派，这个学派存在了900多年，在西方世界影响深远。

在解释世界的时候，古希腊的很多哲学家都受到了毕达哥拉斯学派的启发。

他们认为，这个世界是由4种元素构成的，分别是气、火、水、土，世上所有的东西都是由这4种元素以不同的比例搭配组合形成的，我们的人体也不例外。

古希腊的医学也受到了"4"这个神秘数字的影响，那

个时代最重要的医学理论就是根据"4"这个数字提出的。提出这个观点的人名叫希波克拉底，他是古希腊最著名的医生，被尊称为西方的"医圣"。

希波克拉底认为，既然世界是由4种元素组成的，人体之中也应该存在着4种物质的平衡。这4种物质是4种体液，分别是血液、黏液、黑胆汁和黄胆汁，当这4种体液在人体之中处于和谐、均衡的状态时，人体就是健康的；如果这4种体液不均衡了，那么人就会生病。

在这4种体液里，最重要的是血液，因为这是当时的医生所能观察到的最常见的也是最重要的体液。如果一个病人发烧了，他们就会认为是因为这个人的体内血液太多。

而想要解决血液过多的问题，有两种办法：第一种是减少血液的产生，就是让这个人少吃饭；第二种就更加简单粗暴了，那就是直接放血——既然血多了，那把它放出来，人体自然就能恢复健康了。

在西方医学发展的历史进程中，影响时间最长、范围最广、医治病人最多的治疗方法就是放血疗法，其他治疗方法都不能与它相提并论。当然，现在我们知道，这种治疗方法是根据几千年前的哲学观点提出的，和我们现代医学的观点是完全不符合的。

说到这里，我们基本就明白了，古希腊时期的人们是把人体当成一个整体，并且是跟宇宙和谐统一，存在着某种对应关系的整体。如果说世界是个大宇宙，那么，人体就是个小宇宙，他们用各自有限的思考和发现努力地理解着正在"燃烧"着的小宇宙。

2

约 2500 年前：
从宇宙到人体

第二章
亲手"打开"人体，开创一个新时代

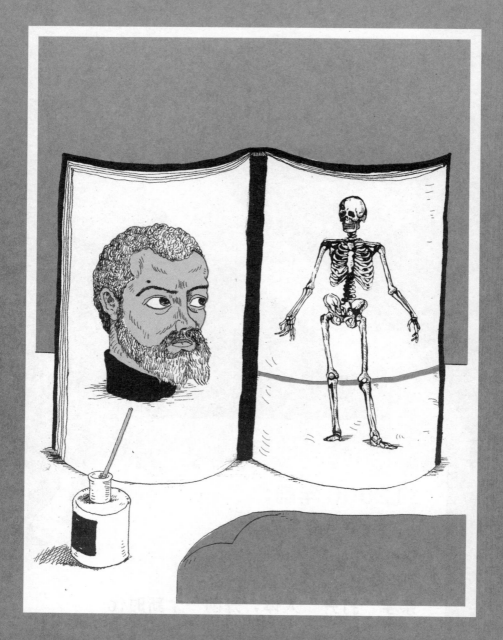

安德烈·维萨里 (Andreas Vesalius，1514—1564)

　　古典时代思想的影响极其深远，推翻这些传统观念的过程十分漫长。到了文艺复兴时期，解剖学家维萨里迈出了打破传统的第一步。他通过解剖研究，了解到了人体的内在结构，并在他的著作里开始按照人体的系统进行相关内容的编排。那么，人体的结构到底是怎样的呢？

人体里到底有什么？

　　想一想，为什么古希腊人坚持认为人体是一个整体呢？很重要的原因是那时不允许医生、科学家等进行人体解剖，这样就无从知道人体的结构，只能含糊地把人体当成一个不可分割的整体来看待。

　　说到这儿，你肯定还会想到，如果解剖学进步了，人们能清楚地了解自己身体的构造，自然不会再相信"人体是一个整体"这种观点了，那么，人体和宇宙和谐统一的看法也就站不住脚了。不过，想要有新的突破，就只能等到解剖学有了新的进展，而这种等待十分漫长。

在这里我要给你解释一点，当我们提起解剖学的时候，一般都会认为这是研究人体结构的学科。但事实上，解剖学不仅研究人体，还研究动物和植物。所以，解剖学是研究生命体结构的学科，如果解剖学取得了进步，它带动的不仅是医学，生物学等相关学科也会出现质的飞跃。

我们之前讲到了古希腊的名医希波克拉底，他生活在古希腊文明最辉煌的时期，你在中学历史课上会学到这个知识。这里需要注意一点，尽管古希腊进入了"黄金时代"，但它并不是一个统一的国家，而是分成了很多个城邦国家。换句话说，一个城市就是一个国家。

在这些国家里，最繁荣发达的就是雅典了，所以，古希腊的"黄金时代"其实就是雅典的"黄金时代"。在这个时代里，雅典有个非常著名的执政官叫作伯利克里，他也出现在你的中学历史课本里，希波克拉底和他生活在同一个时代。

与之同时，还出现了几位举世闻名的哲学家，其中之一是苏格拉底，他还经常去伯利克里家做客；苏格拉底的学生是柏拉图，柏拉图的学生是亚里士多德，这师徒三人是古希腊最著名，也是最重要的三位哲学家。

在古希腊众多的城邦国家里，有一个国家叫作马其顿。亚里士多德曾经被邀请到这个国家给一位年轻的王子当老师，长大以后的王子就是赫赫有名的亚历山大大帝。

亚历山大大帝是一位军事天才，在他的统治下，马其顿迅速崛起，很快就成了一个地跨欧洲、亚洲和非洲的庞大帝国。埃及是当时非洲最繁荣的国家，它也被亚历山大大帝征服，亚力山大大帝在尼罗河入海口的地方建立了一座城市，并用自己的名字命名，这就是亚历山大利亚。

亚历山大大帝本想把亚力山大利亚建成科学的中心，可惜他本人英年早逝，不过这座城市确实按照他的想法成为了当时科学知识最发达的地方。这里最先进的地方是解剖学发展得很快，不但能解剖动物，而且可以进行人体解剖。

你肯定听说过十二指肠这个器官，它上面连接着胃，下面的器官是小肠。十二指肠之所以叫这个名字，就是因为它的长度和12根手指合并起来的宽度差不多。而十二指肠这个器官被发现、被命名，就是亚历山大利亚的解剖学家的功劳。

由于十二指肠在我们腹腔比较深的位置，能发现这个器官就说明当时的人体解剖学开展得确实很不错。如果按照这个方向继续研究下去，解剖学家就可以逐一发现人体的所有结构，那么，希波克拉底提出来的"人体是一个整体"这个观点自然也就不科学、不可靠了。

但是，事情发展得并没有那么顺利。

古罗马最伟大的医生

那时候，亚历山大大帝是一路向东征服其他国家的，就在他高歌猛进的行军过程中，在希腊的西方崛起了另外一个强大的国家——罗马。亚历山大大帝去世之后，他建立的国家分裂成了三部分，而罗马很快成为西方最强大的帝国，整个地中海地区都成了罗马的一部分，亚历山大利亚也不例外。

说到这儿，我要提醒你一下，虽然看起来古希腊和古罗马的文化是相互传承的，但是纵观历史的发展，它们的兴衰并没有严格的先后顺序。古希腊和古罗马文明开始的时间其实相差不多，持续的时间也都很长，只不过古罗马文明持续的时间更长。而且它们最兴盛的时期也不是在同一个时代，古希腊文明繁荣在前，古罗马文明繁荣在后。古罗马从古希腊文明中学习了很多科学和文化知识，比如古罗马神话几乎照搬了古希腊神话，只不过是把神灵的名字改了改。这就是前面我们提到过的，当我们说起古希腊和古罗马文明的时候，往往会把它们统称为"古典时代"的原因。

古罗马文明大致可以分成四个时期：第一个时期是国王统治，所以叫作王政时期；第二个时期形成了共和国，所以叫共和时期；第三个时期罗马成为了帝国，由皇帝统治，进入了帝国时代；第四个时期比较有趣，帝国一分为二，分成了西罗马帝国和东罗马帝国，西罗马帝国后来灭亡了，只剩下东罗马帝国独自苦苦支撑，那段时期被称作东罗马帝国时代。

在古罗马文明的第三个时期也就是帝国时代，出现了一位著名的医生叫作盖伦，他对希波克拉底的理论深信不疑；因为盖伦在医学界的地位非常高，所以在他的努力之下，四体液理论成为了当时医学界不可撼动的权威理论。如此，这时的人们想要通过发展解剖学来重新认识人体结构的这条路就被堵上了，对人体的认识再一次回到了"人体是一个整体"这个方向上。

其实，盖伦也进行了不少解剖学研究，但是他解剖的全是动物，根本没有深入到人体。他在动物身上看见了各种解剖结构，就认为人体里也一定是这样的构造，难免犯下很多错误。比如，他曾经在书里写道，人的大脑里有一种血管构成的网，其实人类大脑里根本没这种东西，这只是牛脑部的结构。

简单地说，盖伦虽然在解剖学上做出了不少贡献，但他还是坚持前人的四体液理论，认为人体是体液平衡的整体。可以肯定地说，盖伦是科学界的巨人，在历史上留下了一个无比高大的背影，等待着后人去超越，但连他自己也没有想到，这一等就是1000多年。

盲从的时代

在罗马帝国的晚期，庞大的帝国分裂成了两半，分别是东罗马帝国和西罗马帝国。西罗马帝国的首都是罗马；东罗马帝国的首都是君士坦丁堡，也就是今天的伊斯坦布尔，土耳其最大的城市。

在公元476年，西罗马帝国灭亡了，在这之后，西方世界的古典时代结束了，进入持续了大约1000年的中世纪。在中世纪，盖伦的著作变成了不容置疑的权威，只要是盖伦提出的观点，人们都认为是绝对正确的。

这样一来，人们获取知识的方法就出了严重的问题。比如说，我们如果想知道一个人有几颗牙齿，最简单、最直接、最准确的方法，当然是找个人让他张开嘴，然后数一数。但是，中世纪的医生并不是这样，他们想要知道人有多少颗牙齿的时候，就去把盖伦的著作拿出来查一查，书上说有多少就是多少。

要知道盖伦是没有进行过人体解剖的，他的书里有很多错误，特别是有一些解剖结构是他根据四体液理论想当然推测出来的，根本不是实际观察到的。比如，盖伦认为在心脏的左心室和右心室之间有很多肉眼看不见的小孔，这显然是他的猜想。

在中世纪晚期，大学里的解剖课是这样上的：教授坐在椅子上拿着盖伦的著作，负责操作的技术员进行实际解剖，而学生们只能围在旁边看着。如果在尸体上观察到的解剖结构跟盖伦书上写的不一样，教授就会十分肯定地告诉大家，盖伦是不会错的，一定是这个人长错了。

但问题是，如果所有人都长得跟书上不一样，难道是所有人都长错了吗？遇到这样的情况，教授们只好跳过这个部分，根本不去讲它。有些教授甚至连续跳过好几个章节，学生能学到什么，只有天知道了。

　　盖伦确实是一位伟大的医生，但如果后人一直认为他留下的一切知识都是正确的，那医学和生物学就没法进步了。幸运的是，在经过了漫长的中世纪以后，西方世界终于迎来了一个全新的时代——文艺复兴。

那个时代的欧洲人认为古典时代的文明是辉煌灿烂的，文艺复兴时代的文明也是辉煌灿烂的，只有夹在中间的1000年暗淡无光，所以才给它取名"中世纪"。而"文艺复兴"这个词的本义是"重生"，其中的深意就是要恢复并发扬古典时代的辉煌。

但是，有两件事要注意：第一，"文艺复兴"这个词只有在中文里有"文艺"的表述，也就是说，这个时代里"复兴"的不只是文学和艺术，政治、经济、科学等各个领域都在这个时代里重新焕发了生机；第二，虽然是"重生、复兴"，这个时代里的人也都号称学习古典时代，但事实上，在这段时间里，人们做得更多的是发现和创造新的知识。

在这段辉煌的时期，终于出现了一位可以和盖伦相提并论的人。在他的努力下，人们开始重新思考"人体是什么构成的"这个问题；在他的努力下，现代解剖学和医学被真正建立了起来。这个人的名字叫作安德烈·维萨里。

认识人体秘密的开端

如果按照今天的地图划分，维萨里是比利时人，他出生在布鲁塞尔附近的一个叫作韦塞尔的小镇——韦塞尔的本义是黄鼠狼。维萨里出生在医生世家，他家的好几代人都是医生，这个家族很庞大，于是就把小镇的名字用作自己家族的姓氏，这就是韦塞尔家族的由来。

那时的科学家在写书的时候，都要使用拉丁文，因为拉丁文是罗马帝国的官方语言，虽然罗马帝国没有了，但是学术界使用拉丁文写作这个习惯却被保留了下来。在当时的科学家们看来，只有用拉丁文写成的书才是严肃的科学作品，如果使用其他语言创作，就会感觉低人一等。

维萨里也不例外，他在用拉丁文写作时，需要把自己的名字也翻译过来，在这个语言转换的过程中，韦塞尔就变成了维萨里。类似的例子也不少见，比如，西班牙语里的卡洛斯和英语里的查理其实就是一个名字；意大利语中的乔万尼就是英语里的约翰。

知道这一点对你以后的学习很有用，尤其是在学历史的时候千万记住，不同语言之间互相翻译转换时，同一个人很可能有不同的名字，如果把同一个人当成了好几个人，可能就要闹出笑话了。

知道了韦塞尔和维萨里是同一个人之后，我们接着看看他都干了些什么。维萨里先后在好几所大学里学习医学，其中有鲁汶大学、巴黎大学和帕多瓦大学，这几所大学在他生活的16世纪可都是非常好的学校。

在学习的过程中，维萨里认真阅读了盖伦的原著，却不迷信这些权威，他坚信，只有亲自进行了人体解剖，亲眼看见了人体的构造，这样获取的知识才是最真实、准确、可信的。

可是，要做到这一点十分不容易，虽然当时已经走出了中世纪的种种束傅，但是在大学课堂上，教授们讲课的方式还跟中世纪没什么区别。对于解剖人体这件事，人们还是有很多顾忌的，想要拿人的尸体直接来进行研究非常困难。

维萨里在巴黎大学读书的时候，他的解剖学教授就只讲解盖伦的著作，还时不时整章整章地跳过不讲。这可把维萨里急坏了，为了找到尸体来亲眼观察人体的结构，他趁着天黑去刑场偷了一具尸体，还把它的骨骼做成了标本——这大概是人类历史上有记载的第一具人体骨骼标本了。

　　除了自己偷尸体以外，维萨里在学校里也积极主动地找机会解剖尸体。在当时，教授上解剖课的时候根本不会自己动手示范如何解剖，而是让助手进行操作。维萨里就主动表达自己想尝试解剖的意愿，让学生来当助手也是没有先例的，幸运的是维萨里的老师同意了他的请求。

　　经过解剖实践，维萨里积累了丰富的解剖学知识，他大胆地探索，渐渐成为了那个时代对人体结构了解最多的人。维萨里清楚地意识到，这些知识绝对不应该被埋没，为了让自己的发现能为人所知并传承下去，他又花费了大量的心血，在1543年出版了《人体的构造》这部伟大的著作。

　　这部意义非凡的著作可以称得上是现代解剖学乃至现代医学的开端。在这之前，从来没有一本书能够把有关人体解剖的知识讲述得这么完整、这么条理清晰，所以说它还是第一部系统且完备的解剖学教材。

　　在《人体的构造》一书里，维萨里按照不同的"系统"，详细描述了人体的构造。这里的"系统"有特殊的意义，指的是为了完成同一个功能的各个器官和解剖结构的总和。这个概念有点抽象，咱们举个例子就很好理解了。比如，人体循环系统的作用就是把血液送到全身各个角落，血管就像是铁路，血液就像是火车，它们一同把氧气和营养运送到身体各处。"运送血液"就是循环系统要完成的"同一个功能"，凡是跟这个功能相关的解剖结构，就都是循环系统的一部分。

按照现代的医学知识，人体里一共有九大系统，分别是运动系统、消化系统、呼吸系统、泌尿系统、生殖系统、内分泌系统、免疫系统、神经系统和循环系统。那么，这些系统又是由什么组成的呢？那就是器官了。

器官是完成一定功能的结构，比如，心脏是由心肌、血管和神经组成的，形成这样一个整体以后，它的作用就像水泵一样，把血液运输到身体各处。所以说，心脏就是一个器官。

在古典时代，人们认为人体是一个整体，但是从《人体的构造》开始，整个科学界对于人体的认识变得更深入了。从此以后，不管是医生还是生物学家，他们对人体的认识上升到"器官"这个层次。

维萨里的远大志向不仅停留在自己对于人体解剖学研究得越来越深入，他还希望所有人都能掌握关于人体的这些知识。但问题是，进行人体解剖可不是这么简单的，并不是人人都能有这个机会和勇气。

你可能会想到，只要维萨里在进行人体解剖的时候多拍

些照片，然后印在书里，问题不就解决了吗？这样一来，读者看书的时候就能看到维萨里看到的一切，自然就能学到维萨里想要大家了解的知识了。

这么想当然没错，但是，别忘了这部书是在1543年出版的，16世纪那个时候照相机还没发明出来呢。那怎么办呢？聪明的维萨里用非常高明的手段解决了这个问题，那就是给这部书配上了非常精美的插图。

还记得吧，维萨里生活在文艺复兴时代。在这个时代欧洲涌现了很多艺术大师，最著名的是达·芬奇、米开朗基罗和拉斐尔，他们被称为艺术史上的"文艺复兴三杰"。除了这三位大名鼎鼎的艺术家之外，其实还有一位同时代的大艺术家可以和这三个人相提并论，他就是提香。

提香是威尼斯画派的代表画家，被誉为"西方油画之父"，他不但自己画得好，还教出了很多优秀的学生。《人体的构造》里的插图就是提香的学生画的，这些插图不但把人体的结构画得非常准确，而且还有很高的艺术价值。毫不夸张地说，这本书里的每一幅插图都是艺术品。

总的来说，到了维萨里的时代，科学家们对于人体的认识更进了一步：他们不再像古典时代那样，把人体看成一个整体，而是能把人体的结构分开来看，对人体的认识到达了"器官"这个层次。那么，器官又是由什么组成的呢？

这个问题维萨里是没法回答的，尽管他尽其所能把自己亲眼看见的东西都写了出来，还请画家画了出来，但是肉眼看不见的那些细微的结构又是怎么一回事呢？有谁能沿着维萨里指明的方向继续前进呢？

接下来，我们要认识一下那些能突破肉眼所见，观察微观世界的人。

约 350 年前：
显微镜横空出世

第三章

待我助哈维一臂之力

威廉·哈维 (William Harvey，1578—1657)
马尔切罗·马尔皮基 (Marcello Malpighi，1628—1694)

　　意大利人马尔皮基是生物学领域显微技术的先行者，他发现了毛细血管，弥补了哈维提出的血液循环理论的不足。同时，马尔皮基率先使用显微镜观察植物，距离发现"细胞"这一结构只有一步之遥。显微世界里的那些"小袋子"是什么呢？

进入新世界的钥匙

　　在正常情况下，我们的眼睛能看见多小的东西呢？人类肉眼可见的最小事物大约是50微米，也就是0.05毫米，大概相当于头发丝粗细的一半。如果东西比这还小的话，我们的肉眼是根本看不清楚的。

　　对于文艺复兴时期的科学家来说，如果想把小东西看得更清楚，也是有办法的，他们可以拿出放大镜。此时，放大

镜已经不是什么稀罕玩意儿了，毕竟在3000多年前，人们
就发明了它。

　　我们知道，维萨里在1543年出版了《人体的构造》，这
是16世纪中期的事情。在16世纪末期，显微镜也被发明了
出来，只不过发明显微镜的人到底是谁，直到现在还没有定
论。学界普遍认为，第一个发明显微镜的是荷兰人詹森，他
是一个眼镜制造商；不过，也有人说可能是他的父亲制造了
第一台显微镜的雏形，后来詹森在此基础上发展完善了真正
的显微镜。

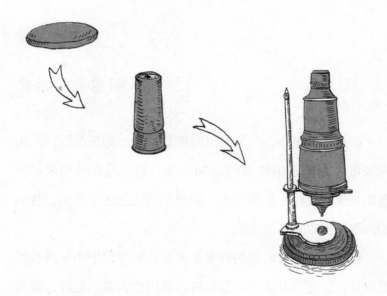

今天我们都知道，使用两个镜片组合就可以达到显微镜的效果，在我们生活的现代社会里，玻璃镜片也很容易找到。但是，在16世纪，玻璃镜片堪称当时的高科技产品，能接触到玻璃镜片的人并不多，最直接的就是那些眼镜制造商，所以发明显微镜的人与眼镜制造有关，这一点儿也不奇怪。

但是，为什么我们至今无法确认到底是谁发明的显微镜呢？这是因为詹森家附近还有好几十家眼镜制造商，他们都说显微镜是自己发明的，所以这份大功劳究竟该属于谁的确无法弄清楚。

最早的显微镜是一个直筒的形状，有两个透镜，一个是目镜，一个是物镜。这样的组合能够把东西放大9倍左右。虽然这个倍数如今看来并不大，但是对当时的人来说，已经是非常了不起的进步了。

只不过，詹森既是一个工匠，又是一个商人，偏偏不是科学家，他发明显微镜自然也不是为了科学研究。詹森这样做的目的只是发明一个新鲜的小玩意儿，然后送给奥地利的王室，想着没准儿日后还能卖个好价钱。如此看来，显微镜从一开始就是贵族和富商的玩具，在科学界显得非常低调。

不过，是金子总会发光的！显微镜是科学研究的利器，它的低调只是因为还没有遇到那个伯乐。只要赏识它的伯乐一出现，显微镜就可以发光发热，它的能量足以改变人们对于整个世界的看法。

我助哈维一臂之力

没过多长时间，大约在17世纪初，显微镜的这位伯乐真的出现了，他就是马尔皮基。

外国人的名字往往是根据发音译成中文的，所以在高中的生物学教材里，意大利科学家Marcello Malpighi被译成了马尔比基。不过，在科学领域常把他的名字译成马尔切罗·马尔皮基，马尔皮基是他的姓。

在马尔皮基的手里，显微镜开始发挥巨大的作用，人们逐渐知道这种仪器能做出多么伟大的贡献。从这个时候开始，科学家们终于可以向前迈出大大的一步，开始观察生物的那些内在的细微结构了。

在很多伟大人物的传记里你会发现，这些伟人常常在很小的时候就显示出了与众不同，但并不是每个大人物都是这样。马尔皮基小的时候，就是一个平凡无奇的孩子，根本没有表现出对自然科学有什么兴趣。幸亏他受到了很好的教育，在上学的过程中，他渐渐发现自然科学特别有意思，尤其是有关生物的知识更是耐人寻味。就这样，马尔皮基决定在上大学以后继续研究生物，那他在大学里选择了和生物相关的专业吗？并没有。这是怎么回事呢？

我们已经知道，在马尔皮基生活的17世纪，真正意义上的"生物学"还没有出现，大学里自然不会开设这门课程了。那么，如果当时像马尔皮基这样的大学生想学习生物学知识，该怎么办呢？

那时候的大学一般分成四个学院，分别是文学院、法学院、神学院和医学院。虽然通常是这么划分的，但实际上很多大学的学院并不全，不是四个学院都有，而且这四个学院的地位也不一样。

文学院相当于预科，大学生得先上完文学院的课程后才能继续学习其余三个学院更高深的知识。所以，法学、神学和医学是更高级的学问，在当时的高等教育中，这些学科的地位相对较高。

神学研究的东西跟宗教有关，法学研究的东西和法律相关，可这些知识跟生物学都没什么关系，关于大自然的科学几乎都被划归到了医学里。事实上，不光是生物学，后来很多学科都是从医学里分离出去的，开创植物学、化学和地质学的人统统都是医生。

由于对自然科学的兴趣越来越浓厚，在接受基础教育之后，马尔皮基选择了学医。当时的医学界有一个非常重要的问题引起了巨大的争论，那就是人体里的血液到底是如何循环的。马尔皮基很迫切地想解决这个问题，于是奋不顾身地进入了医学研究领域。

马尔皮基是个非常严谨的人，他不轻易相信没有根据的传言，只相信自己的研究成果。比如，当时有一个很著名的关于骆驼的传言。那时的人们认为，骆驼的胃里能储存大量的水，这样一来，骆驼就算是很长时间不喝水，也一样能活下来。但是，马尔皮基通过试验证明，骆驼的胃里根本没有那么多水，这个说法大错特错。马尔皮基就是带着这种严谨的态度，开始了关于血液循环的研究。

你可能会问，在马尔皮基之前，是谁提出的血液循环理论？既然已经有了这个理论，马尔皮基还有什么好研究的？这跟前面介绍的显微镜又有什么关系？这些问题需要一个一个地回答。

第一个问题的答案是：威廉·哈维。提出血液循环理论的威廉·哈维还要从维萨里说起。维萨里有个学生叫法罗比奥，法罗比奥有个学生叫法布里修斯，法布里修斯有个学生就是威廉·哈维。还有一条重要的线索，当哈维在帕多瓦大学上学的时候，伟大的科学家伽利略正在这里当数学教授。

不得不说，不管是在认识上，还是在学术思想上，哈维都跟维萨里和伽利略这两位伟大的科学家一脉相承。那么，哈维提出来的血液循环理论是怎么一回事呢？

今天我们都知道，把血液从心脏运到身体各处的血管的器官是动脉，把血液从身体各处运回心脏的器官是静脉。其实，在欧洲的古典时代，人们就已经知道动脉和静脉是两回事。但是，当时的医生认为，不管是动脉还是静脉，它们都是从心脏出发，通向身体的各个部位。当血液流到身体的末梢时，就会像潮水打在沙滩上一样，自然而然地消散不见了，这个理论有个很形象的名字，叫作"潮汐理论"。这个著名理论的提出者咱们并不陌生，就是罗马帝国时代的伟大医生盖伦。

盖伦的这个观点虽然是错误的，却被人们相信了上千年，直到威廉·哈维提出了新观点。哈维认为，古典时代的理论有问题，血液应该是经过动脉从心脏流出来，在全身转了一圈后通过静脉流回到心脏，这就是之后马尔皮基作为依据的著名的血液循环理论。

下面进入第二个问题：既然哈维都提出了血液循环理论，马尔皮基还大费周章地研究什么呢？原来，哈维这个理论的正确性毋庸置疑，但是在他提出这个理论的时候，有一个很关键的问题没有解决：在人体的末梢，比如，在我们的手指尖上，动脉和静脉是怎么连接在一起的呢？哈维并不知道这个问题的答案，所以他猜测在动脉和静脉之间，有一种我们肉眼看不见的、非常细小的血管。也就是说，哈维的血液循环理论虽然是正确的，但是里面有一部分很重要的问题是靠推测得出的结论。

你可能会说，如果有人能够清晰地"看见"是什么样的血管把动脉和静脉连接到一起，那不就能非常明确地证明哈维的血液循环理论是完全正确的了吗？在我们今天看起来，这件事好像并不难，只要把该看的东西放在显微镜底下看一看就可能找到准确的答案。但是，仔细想想，这件事其实并不容易。想要用显微镜观察事物，需要被观察的事物是透明的，至少是半透明的。比如，在显微镜下放厚厚的一块肉的话，光线透不过去，我们是什么都看不见的。你可能会想到，把肉切成透明或半透明的薄片不就可以看见了吗？这样还是不行。今天我们都知道哈维猜测的那种连接动脉和静脉之间的细小的血管叫"毛细血管"，但毛细血管这个东西对当时的马尔皮基来说是完全未知的，他根本不知道自己要研究发现的东西是什么样子的。想要证明他看见的就是毛细血管，他就必须看见他所观察的东西里面有血液在流动。可这里有个大麻烦，不管他用什么动物做研究，如果把它们的肉切成片去观察，动物此时已经死了，血液当然就不会流动了，这样肯定是不行的。换句话说，马尔皮基需要活的动物，而且这个动物有血管的部分还得是透明的或者半透明的，这个要求可就更不容易实现了。

到底什么动物才能满足马尔皮基的要求呢？在1660年到1661年的时候，马尔皮基终于找到灵感，开始研究青蛙的肺。他把青蛙的肺放在显微镜下面，真真切切地发现确实有血液从动脉流向了静脉，而这些血液所经过的是一种非常细小的血管，也就是毛细血管。通过显微技术马尔皮基证明了哈维发现的正确性，的确有肉眼看不见的小血管把动脉和静脉连接到了一起，它就是毛细血管。

至此，咱们前面的问题都迎刃而解了。更厉害的是，不管在医学领域还是在生物学领域，哈维和马尔皮基的发现都是里程碑式的，如果说威廉·哈维提出了血液循环，那么，马尔皮基进一步把它完善了，两个人一样功不可没。

植物里的"小·袋子"

发现毛细血管以后，马尔皮基感到非常自豪，毕竟他解决了一个困惑了生物学界上千年的难题，于是很快他就把自己的成果发表了出来。但是，当时的很多医生的观念非常保守，他们坚持认为古典时代的那些名医是不会错的，哈维和马尔皮基的理论都是在瞎说，他们站在了马尔皮基的对立面，自然不会支持他。

尽管是这样，马尔皮基还是没有放弃自己的理想，他拿起显微镜，继续观察自然界。他不仅观察动物，还深入到植物的研究中，促使他开始观察植物的显微结构，还是因为一个小小的意外。

有一天晚上，马尔皮基在自己的花园里散步，一个没留神，被一根树枝绊了一下。马尔皮基很不高兴，他一把捡起绊倒他的那根树枝，这个时候他突然发现树枝的断口处有一些奇怪的条纹，不过当时天太黑了，他什么也看不清。马尔皮基只好把树枝带回家，点起蜡烛仔细观察了一下。这一看可不得了，马尔皮基发现这些根本不是简单的条纹，可要弄清楚它们到底是什么只能等到天亮以后，用显微镜找答案了。

就这样，马尔皮基带着满脑子问题睡了一觉。第二天早晨，他急匆匆地起床，迫不及待地拿出自己的显微镜，结果他发现这些树枝上的条纹居然是一些细小的管道。

这个重要的发现让马尔皮基非常惊喜，他已经知道动物体内有毛细血管，可是没想到植物内部也有类似的东西。在接下来的日子里，马尔皮基非常仔细地研究了这些管道，结果发现，有些管子里并不是空气，而是植物的汁液。毕竟他有了研究动物毛细血管的基础，对这个发现一点儿也不意外。既然毛细血管是运输血液的，血液对人体特别重要，以此类推，马尔皮基猜想这些植物里的汁液肯定也起着非常重要的作用。

于是，马尔皮基经过进一步的研究发现，在这些植物管道里流动的汁液分成了往上流和往下流两种。他认为，往下流的汁液给植物提供了营养，为了证明他的推测，马尔皮基做了一个实验：他首先挑选了一棵树，把树皮环形切了一圈，然后每天观察树皮会发生什么。过了很长时间，在环切部位上方的树皮膨胀了起来，长出了一个像瘤子的东西。这是一个非常经典的实验，但是对树木的伤害实在太大了，今天我们都不应该重复这个实验。

　　不可否认的是，显微镜在马尔皮基的手里发挥了巨大的作用。不管是什么生物，它们体内的秘密似乎马上就要在科学家眼前揭晓。对马尔皮基来说，他把自己能想到的东西都放到了显微镜之下。

　　无论是动物的犄角、羽毛和爪子，还是人的头发和指甲，都被马尔皮基研究了一遍，这样他就有了更多伟大的发现。比如，我们能品尝出食物酸甜苦咸等味道靠的是舌头上的味蕾，味蕾就是马尔皮基发现的；再比如，胆汁之所以叫胆汁，肯定是跟胆囊有关系。不过，在马尔皮基之前，人们一直认为胆汁就是胆囊产生的。但是，马尔皮基研究了一番发现，其实胆汁是肝脏产生的，而胆囊只不过是储存胆汁的东西，就像个小仓库一样。

　　可以说，马尔皮基关于生物的研究非常全面，他的发现也是不计其数。正是因为这样，后来的很多生物学名词都是以他的姓来命名的。比如，肾脏里边有马尔皮基氏小体，脾脏里面有马尔皮基结，昆虫的体内也有一种结构，叫作马尔皮基氏小管……

　　至于这些东西是什么、有什么用，要等你上大学以后才有可能学到。到那个时候你可别忘了给这些东西起名的人是

怎样一位伟大的科学家，他不光治学严谨、知识渊博，研究范围更是极其广泛；更重要的是，在他的手里，显微镜成了生物学研究的常用工具，有了他的启发，生物内部的秘密才一点点被发现。

马尔皮基做出了这么多的贡献，引起了英国皇家学会这个科学组织的注意，这个学会的全称叫作"伦敦皇家自然知识促进协会"。别看这个组织的名字里有"皇家"两个字，但这个学会并不是英国国王建立的，而是由一群科学家自发形成的组织。从那个时候直到现在，这个学会一直是英国科学学术的最高机构。

英国皇家学会是1660年成立的，在这一年里，马尔皮基正忙着观察青蛙肺里的毛细血管。在我们眼里，英国皇家学会是个历史悠久的机构，但是对马尔皮基来说，它还是一个非常年轻的组织。

即便是这样，能被英国皇家学会关注到，仍是一份莫大的荣耀。马尔皮基成为了英国皇家学会的会员，在学会里，他受到了无上的尊重，学会甚至把他的肖像画挂到了大厅里。

马尔皮基的确用显微镜发现了很多东西，但遗憾的是，有一个十分重要的发现并没有引起他的重视。他曾经仔细地观察了树叶，发现在树叶里有一堆像小袋子一样的东西，而且整片树叶都是由这些"小袋子"组成的。更神奇的是，不光是在树叶上，就连树根、树皮以及树木的其他所有部位都有这种结构；就连马尔皮基非常感兴趣的那种运送汁液的管道，也是由这种"小袋子"组成的。同时，他还发现，这种"小袋子"只在植物上有，动物身上并没有，此时，马尔皮基距离一个伟大的发现只有一步之遥了。

如果他再向前一步，给这个"小袋子"起个名字，那么，它将会成为他最重要、最令人瞩目的发现之一。可惜，马尔皮基费尽了力气还是没有搞清楚这些"小袋子"究竟是什么。

最后，马尔皮基只能无奈地放弃了研究，但是科学研究的脚步永远不会停歇。接下来登场的人，让马尔皮基观察到的这种"小袋子"有了名字。

约 350 年前：
显微镜横空出世

第四章
欢迎来到神奇的"小房间"

细胞

罗伯特·胡克 (Robert Hooke. 1635—1703)

英国人罗伯特·胡克命名了细胞，他提出的胡克定律被写入了今天的物理课本。但他和另一位著名的科学家牛顿的关系很差，牛顿的名言"如果我比别人看得更远，是因为我站在巨人的肩膀上"其实正是在讽刺罗伯特·胡克，这到底是为什么呢？

空气像弹簧，玩弹簧我最强

罗伯特·胡克生活在17世纪的英国，他不但是历史上第一位"职业科学家"，而且在科学史上留下了很多个"第一"，就连你的中学课本里，罗伯特·胡克的身影都出现了不止一次。

物理课本上的"胡克定律"就是他发现的，生物课本里给细胞命名的"罗伯特·虎克"也是他。"虎克"和"胡克"

这些不同的叫法，还是由于前面说过的根据英文发音译成中文造成的差异，在大部分情况下，我们还是叫他"胡克"。

更有趣的是，牛顿的名言"如果我比别人看得更远，是因为我站在巨人的肩膀上"里的"巨人"，指的也是这位罗伯特·胡克。但是，牛顿这么说其实是在讽刺他，因为胡克本人身材矮小而且驼背，如此说来，牛顿虽然是个伟大的科学家，却不是一个心胸开阔的人。

　　故事要从著名的科学家罗伯特·波义耳说起，在中学物理课上你将会或者已经学到的"波义耳定律"就是他发现的。波义耳出身贵族，从小就受到了良好的教育，因为家里很富有，所以才能心无旁骛地投身科学事业。要知道，这个时候还没有专门的"科学家"这个职业，想要靠科学研究养家糊口是不可能的。当时的科学家往往是有钱人，他们几乎都是兴趣使然，自己花钱从事科学研究。

　　像波义耳这样贵族出身的科学家，很多具体操作的事情是不会自己动手的。为了找人帮忙做实验，波义耳在1655年雇了一位心灵手巧的助手，这个人正是胡克，他交给胡克的任务是制造一个真空泵。

　　你肯定知道，在咱们生活的环境里，空气是无处不在的。也就是说，科学家不管进行什么样的实验和研究，都是在有空气的环境下进行的。当科学家发现这一点的时候，他们也自然而然地产生了这样的疑问：如果制造一个没有空气的环境，实验研究的结果会不会和我们平时生活的有空气的环境下的发现有区别？

　　为了找到问题的答案，胡克发明了世界上第一个真空泵。虽然胡克制造的这个真空泵的效率非常低，抽真空需要很长时间，但是已经足够满足波义耳做实验了。

波义耳先是把小鸟和老鼠这些小动物放进了使用过真空泵的玻璃罐中，结果发现它们全部窒息而死，这就说明玻璃罐里确实没有空气了。然后，波义耳发现，就算是把空气抽光了，玻璃罐并没有变成漆黑一片，依然是透明的。换句话说，光线是可以穿过真空的。

那么声音呢？波义耳继续实验以后发现，如果在真空里放进铃铛，就算怎么摇晃它，也没有一点儿声音传出来。结果已经很明显了，声音在真空里是没法传播的。

更好玩儿的事还在后面。1660 年，波义耳把自己关于真空的这些研究结果发表后，的确引起了其他科学家的注意，但是，其他科学家没有做过这些实验，他们很难相信波义耳的话。

为了反驳这些人，波义耳在两年后又写了一篇文章，在这篇文章里，波义耳提到了关于空气的另一种性质：空气有点儿像弹簧，不管是增加还是减少它的体积，都需要费很大的力气。

于是，波义耳进行了更加深入的研究，最终提出了"波义耳定律"：在温度不变的情况下，密闭容器里定量气体的压强和体积成反比关系。

你在高中物理课上会学到这个定律，这里有个简单的实验可以帮你理解它。如果你把一个注射器的针头去掉，把注射器前面的小孔堵住，然后再使劲儿推注射器的芯，就会发现，越是往里推需要用的力气越大。这就是因为气体的体积减小了，里面的压强变大了。别看这个理论是300多年前发现的，但是它完全经得住时间的检验，直到今天还出现在你的课本上。

可以看到，在发现"波义耳定律"的过程中，胡克起到了非常重要的作用，但遗憾的是，他并没有因这个伟大的定律而留名。不过，波义耳的想法和思路显然对胡克有很大启发。

既然"像弹簧"的空气有这样的规律，那么，真正的弹簧会不会有类似的规律呢？胡克于是开始了对弹簧的研究，不过这个点子还要从钟表说起。

胡克还不到10岁的时候，就对钟表非常感兴趣，他曾经看见过一个已经被拆开的钟表，心灵手巧的他仿照这个破钟表居然用木头做了一个新钟表。23岁时，他有了一个奇思妙想：能不能用弹簧让钟表转起来呢？

说到这儿，咱们得知道一个小知识：钟表的动力是从哪里来的。在之前的很长时间里，钟表的动力靠的是重力：老式的钟表都有金属做成的很重的坠子，坠子因为重力会非常缓慢地向下移动，这样就能给钟表提供动力。

这样的钟表在生活中用起来并没大问题，那为什么要改进呢？原来，当时英国正处在大航海时代，船只在海上航行的时候特别需要准确的时间，但是，这种老式的钟表满足不了航海家的需要，因此，胡克才会想到要改进钟表。

胡克的想法是用发条给钟表提供动力，发条其实就是另外一种形式的弹簧。就这样，为了制造钟表，胡克对弹簧进行了深入的研究，再加上波义耳对空气的研究带给他的启发，胡克最终提出了以他名字命名的"胡克定律"。

1675年，胡克制造了一只钟表送给英国国王，他还在这只钟表上特意刻上了字来说明把弹簧的特性用在钟表上是自己的发现。第二年，他公布了"胡克定律"，但是一开始并没有直接告诉大家，而是出了一道谜语。这个谜语是用拉丁文写成的 *Ut tensio, sic vis*，意思是"力如伸长（那样变化）"。又过了两年，胡克才解释说弹簧的弹力和它伸长的长度成正比关系。这个定律不但正确无误，而且在今天它的受用范围扩大了很多，不光是弹簧，很多其他材料也符合这个规律。

罗伯特·胡克在科学上做出了很大的贡献，如果说波义耳这样的科学家提出了超前的想法，罗伯特·胡克就亲手用实验证明了这些想法的正确性。科学研究就是这样，有些人擅长从事理论研究，有些人则擅长动手做实验，波义耳属于爱动脑筋的前者，胡克则属于爱动手的后者，两者共同推动了科学的进步。

但是，罗伯特·胡克在科学史上名声不够响亮，这又是为什么呢？

被忽视的巨人

我们已经知道，胡克是波义耳的助手，波义耳是鼎鼎大名的科学家，还记得给予马尔皮基莫大荣耀的那个英国皇家学会吗？这个著名的学会就是波义耳参与创建的，并且他一直是这个学术团体的核心人物。胡克曾经是波义耳的助手，那么，他在英国皇家学会自然很容易拥有一席之地。

没错，在英国皇家学会成立以后，胡克就成了学会的秘书长，但是这个秘书长可不是只负责整理文件之类的事务，还要负责安排和进行各种实验。尽管跟其他科学家相比，胡克在理论方面略差了一些，但他动手能力特别强，所以经常是其他科学家提出理论构想，胡克负责做实验来证明这个理论到底对不对，结果他就成了历史上第一个专业的"实验科学家"。

和那个时代凭兴趣从事科学研究的富有科学家不同，胡克并不富裕，需要考虑生计问题，于是，英国皇家学会只好给他发工资，就这样，胡克完全依靠科学研究为生，这让他成为了历史上第一位"专职科学家"。

与胡克生活在同一个时代的人非常重视他，不过，科学家们也难免吵架，尤其是在一些新的科学发现的关键时刻，谁都想把新发现的荣誉留给自己。结果，就在争夺这些发明权的过程当中，胡克得罪了牛顿。

牛顿是那个时代，甚至可以说是整个人类历史上最伟大的科学家之一，说他是科学界的巨人，一点儿都不为过。牛顿提出三大定律，是划时代的贡献，时至今日它们都是物理课堂里的"重中之重"。想不到的是，胡克跟牛顿的矛盾就出在这三大定律中的第三定律上。

在胡克之前，已经有很多科学家研究过天体运行的问题。胡克也对这个问题非常感兴趣，他很好奇，如果是稳定向前运动的物体，在没有受到来自外界的力的情况下，难道不是应该走直线吗？为什么地球、木星和火星这些行星会围着太阳转圈呢？所以，胡克想到，一定是太阳起了作用，太阳和行星之间应该有力的相互作用。

但是，胡克虽然有了相对成熟的猜想，却没法用简洁、漂亮的公式把这个想法表达出来，毕竟这需要大量的数学计算，而理论，特别是和数学有关的理论是他的短板。

当胡克研究行星轨道的时候，这个短板就显出了大问题——他算不出来。但是，胡克太想要解决这个问题了，于是，他就写了一封信给当时在剑桥大学当数学教授的牛顿，希望牛顿可以帮他这个忙。

牛顿的反应非常迅速，但他对帮胡克忙这件事并不是那么热心，反而在胡克的启发下开始了自己的研究。最终，他结合了其他天文学家的研究成果，通过自己精密的计算，得出了牛顿第三定律：吸引力的大小与行星到太阳距离的平方成反比。

值得一提的是，天文学家埃德蒙·哈雷是牛顿的好朋友，在牛顿提出三大定律的过程中也帮了他不少忙。后来，哈雷根据牛顿第三定律发现了哈雷彗星，成为科学史上的另一段佳话。

只不过，牛顿和胡克的关系就不是这么美好了。在发表三大定律的时候，牛顿把所有的功劳都放在了自己的头上，这让胡克非常气愤，因为他觉得这些灵感和想法原本都是他提出来的。

胡克在进行科学研究的时候非常冷静，但在处理人际关系的时候非常暴躁、容易生气，对待其他科学家也经常盛气凌人。得知牛顿定律发表后，他毫不客气地跟大家说，牛顿那部划时代的巨著《自然哲学的数学原理》剽窃了他的思想。

对于胡克的这种态度，牛顿也针锋相对，他在一封信里写道："如果我比别人看得更远，是因为我站在巨人的肩膀上。"这是牛顿举世闻名的名言之一，我们今天经常引用这句话来称赞牛顿是一位谦虚而伟大的科学家。

事实上，牛顿一方面确实赞美了之前科学家的成就，但另一方面是对罗伯特·胡克无情的讽刺和嘲笑，正像前面所说的，这种不友好已经上升到人身攻击的地步。牛顿写下这样的话，显然是一点儿也不想承认胡克对他的启发。

更令人感到无奈的是，在胡克去世之后不久，牛顿成为了英国皇家学会的会长。他当上会长以后，开始对胡克的研究成果痛下杀手，胡克留下的无数珍贵资料就这样不明不白地消失了。

是的，罗伯特·胡克之所以在科学史上被严重低估，名气也远远没有同时代的科学家响亮，和与牛顿的恩怨有很大关系。但就算是这样，胡克留下来的丰硕成果，他科学实践

的身影依然出现在今天我们的教科书里，尤其醒目的是他在
生物学领域的发现。

奇妙的"小·房间"

除了真空泵、钟表以及天文学相关的研究，胡克还花了
很多时间研究显微镜。在1665年，他出版了显微镜研究中
里程碑式的著作《显微图像学》。

在这本书里，胡克详细介绍了怎样制造和使用显微镜，
并且提出了两个非常重要的设计。第一个设计是采用三个镜
片的显微镜结构；第二个设计是运用侧立柱式结构。这两个
设计究竟是什么样子的呢？

咱们先说三个镜片的结构设计。在上实验课的时候，老
师肯定告诉过你，显微镜有目镜和物镜：目镜是离眼睛近的
那个镜片，物镜是离标本近的那个镜片。在显微镜刚被设计
出来的时候，确实就只有这两个镜片，但是胡克在这两个镜
片之间又加了一个镜片，叫作场镜。

可别小看这个场镜，有了它能让显微镜的放大倍数更
高，而且可以让显微镜不需要使用特别大的目镜。这一点非

常重要，因为目镜越大，眼睛就得离它越远才能看得更清楚，这样操作起来是很不方便的。

从胡克的三镜设计开始，显微镜就从两个镜片变成了三个镜片，这个设计一直被沿用到了今天。现代显微镜的目镜、物镜和场镜往往不是只用一个镜片，而是每个地方用一组镜片，比几百年前的显微镜高级多了。当你在实验课上使用显微镜的时候，虽然只能看见目镜和物镜两个镜片，但实际上显微镜里面的结构可是相当复杂的。

接下来咱们说一下侧立柱式设计。最开始的显微镜的外形就是个圆筒，竖在一个架子上。这样的设计有个问题，就是物镜下面的空间太小了，而且整个显微镜的高度没法调节，稍微大一点儿的东西就塞不进去，非常影响观察。

胡克的设计是在圆筒的旁边加了一个立柱，然后把显微镜的圆筒固定在立柱上。圆筒在立柱上是可以旋转的，这样一来，物镜下面的空间就扩大了不少，方便观察很多东西。比如，把鱼的尾巴固定在这里，就能用显微镜观察鱼尾巴里的毛细血管了。

这两个设计很有远见，从1665年《显微图像学》出版以来，一直影响到了几百年后的今天。除了这些关于显微镜结构的内容以外，这本书里还记录了胡克实际观察到的很多

微观世界的景象。

胡克把他看见的蚊子、跳蚤的样子全部清清楚楚地画了出来，印在了他的书里。这可让当时的读者开了眼，谁也没想到跳蚤被放大以后居然这么吓人！微观世界从这个时候起，才真正引起了人们的注意，显微镜在科学领域被广泛应用也正是从这本书开始的。

这本书里还记载了一个有趣的、关于木头的研究。不同木头的性质天差地别，有的密度很高，扔到水里马上就能沉下去；有的密度低，非常轻，比如做红酒瓶塞的那种软木。胡克好奇的是，软木这么轻却很结实，而且使劲儿挤压的话还很有弹性，这是怎么回事呢？好在他有了显微镜这个好工具，看一看就知道了。这一看，胡克发现了软木里面一种奇特的网状结构。因为是空心的网状结构，所以软木很轻、密度很低，又很坚固。在网眼中间存在很多空气，在受到外力的时候就会被挤压得体积变小，因此软木可以被压缩，弹性很好。可以说，软木的性质就是这种特殊结构决定的。

这种网状结构非常重要，它是由一个个"小格子"构成的，这时，给这些奇特的"小格子"起个特殊的名字就很必要了。胡克思来想去，觉得这些小格子怎么看都像是一个个小房间，于是就给它起名叫*cellulae*，这是一个拉丁文单词，意思就是小房间。这个单词后来演变成了英语单词cell，也就是我们熟悉的"细胞"了。

从此以后，"细胞"就有了名字。但问题来了，胡克看见的"细胞"真的是咱们今天所说的细胞吗？

其实，罗伯特·胡克看见的并不是细胞，因为他放在显微镜下的木头已经干透了，如果这块木头还在树上，这个时候里面才会有活生生的细胞。可是，当胡克在显微镜下观察这块已经风干的木头的时候，细胞早就死了。胡克看见的只不过是这些"小房间"的"墙壁"，也就是"细胞壁"。

然而，并不是所有的细胞都有细胞壁，比如，动物细胞就没有这种结构。不过，在植物细胞和细菌里，细胞壁是必不可少的。

　　胡克只看到了木头的细胞壁，没有看见真正的活着的细胞，那么，这项工作就需要其他人来完成了，这个人又会是谁呢？

约 350 年前:
显微镜横空出世

第五章

足不出户，带你发现全世界

安东尼·列文虎克 (Antonievan Leeuwenhoek. 1632—1723)

　　荷兰人列文虎克发现了多种细胞。在今天看来，他可是个名副其实的"宅男"，除了年轻时去过一次阿姆斯特丹以外，再也没有离开过自己出生的小城代尔夫特。"宅"在家里，怎样能发现全新的世界？

足不出户看世界

　　罗伯特·胡克虽然命名了细胞，但是他看到的东西并不是活细胞，也并不知道细胞究竟是什么东西。真正看见了动物细胞的人是17世纪的荷兰科学家安东尼·列文虎克。

　　列文虎克出生在荷兰的代尔夫特，而且一辈子都生活在这座城市里。有意思的是，我们今天还能非常清楚地知道当时的代尔夫特的风景是什么样的，这还要感谢列文虎克的好朋友——画家约翰内斯·维米尔，维米尔有一幅风景画作

品，叫作《代尔夫特风景》，这幅画如实地描绘了17世纪代
尔夫特的样子。

今天的代尔夫特只能算是个小城市，但是在17世纪，
这座城市可相当重要。17世纪的荷兰被称作"海上马车夫"，
这是说当时随着航海的发展，各个国家之间的贸易越来越繁
荣，大海就是道路，货船就是马车。而在通过运输货物做生
意这件事上，荷兰人做得最好，于是就有了"海上马车夫"
这个有趣的名字。在17世纪，代尔夫特是荷兰重要的港口
城市，是通向世界的窗口，和中国也有着千丝万缕的联系。

你肯定知道，"瓷器"的英语单词是china，跟"中国"
的英文单词China一样，只不过首字母是小写，这是因为在
欧洲人眼里，瓷器是中国特产；而瓷器传到欧洲以后，很多
地方开始仿造，代尔夫特（Delft）生产的瓷器就非常有名，
所以这个城市的名字演变出了"代尔夫（delft）"这个词，
意思就是瓷器。

在代尔夫特的城墙上有一扇门，叫作"狮子门"，"列文
虎克"这个姓就来自这个地名，意思是"在狮子门旁边的角
落"。虽然在欧洲将地名当作自己家族姓氏的情况还是挺常见
的，不过看得出来，列文虎克家族对代尔夫特的感情很深厚。

到了安东尼·列文虎克这里，对代尔夫特的感情就更深

了。你可能想象不到，除了年轻的时候出过一次门，去阿姆斯特丹学习怎么做生意，列文虎克这一辈子都没有离开过代尔夫特。用今天的话说，他是个地地道道的"大宅男"。不过，虽然他基本不出门，这也根本没妨碍他使用显微镜进行科学研究。

我们已经知道，罗伯特·胡克在1665年出版了《显微图像学》，这部著作出版没多长时间，列文虎克就阅读了它。在列文虎克看来，显微技术实在是太神奇了，他一下子就被深深吸引住了，决定沿着罗伯特·胡克指明的道路继续前进，只不过使用的是他自己研发的独特技术。

高级镜片，一个顶俩

列文虎克制作的显微镜和罗伯特·胡克的有很大区别：罗伯特·胡克使用的显微镜结构相对复杂，像现代显微镜那样，既有物镜、目镜，又有场镜；而列文虎克亲手制作的显微镜结构非常简单。

如果单从结构的复杂程度来看，列文虎克制作的显微镜不但没有进步，反而退步了。与其说是显微镜，不如说是一个极其精密的放大镜，因为它只有一个镜片。但是，在另一方面，列文虎克的显微镜有了非常大的进步——镜片的质量提高了很多。

显微镜的镜片是用玻璃做成的，当时磨制镜片的技术还不够好，所以显微镜的放大倍数也就受到了限制，一般只在20倍到30倍左右。此外，当时玻璃本身的质量也不好，杂质比较多，在观察物体的时候，镜片的数量越多，成像的清晰度越差。

为了解决这些问题，列文虎克决定只用一个直径大约2毫米的非常小的镜片，当时的人们非常惊叹但根本不知道他是怎么磨制出来这么小、这么精致的镜片的，不过今天的科学家推测，列文虎克的镜片根本就不是"磨"出来的，其实它就是一个小玻璃珠。

列文虎克把玻璃烧化，滴在冷水里冷却，这样就会形成玻璃珠，然后他把这个小玻璃珠当成镜片来使用。这个球形的镜片纯度非常高、质量非常好，尽管显微镜结构更简单了，但是它的放大倍数居然达到了200多倍，比罗伯特·胡克的显微镜清楚了好多。

由于镜片小，所以，列文虎克的显微镜整体也不大，大概只有我们的一根手指头那么大。它的结构也特别简单，约2毫米的小镜片被夹在两块薄薄的铜板中间，然后再用铆钉固定住。在镜片的一边，有个金属做成的小棍儿，这个小棍儿是使用螺丝固定在显微镜上的，这样可以通过旋转它来调整位置。这样，列文虎克只要把要观察的标本放在这个小棍儿上，就能够透过镜片来观察了。

列文虎克制作的显微镜虽然简单，但很完善，用来观察小东西是完全没有问题的。不过，还有一个问题没有解决，如此精巧的显微镜本来放标本的地方就很小了，想要更换标本不就更加困难了吗？如果列文虎克看够了一种东西，想要换另一种东西看看，他应该怎么解决这个问题呢？

列文虎克的办法非常简单粗暴，如果换标本不方便，那我就不换了。就这样，列文虎克如果在显微镜下发现了什么有趣的东西，就把这个标本永远放在那里。那么，如果他还想看其他东西该怎么办呢？那就再做一个新的显微镜嘛！

就这样，列文虎克前前后后一共做了500多个显微镜。他的显微镜都是手工制作，所以虽然原理都一样，但是如果仔细看，这些显微镜还是有很多细微的差别。

列文虎克去世以后，这些显微镜大部分都留给了他的女儿玛利亚。后来，玛利亚也去世了，这些显微镜几乎都被拍卖掉了，基本没有保留下来，只有9个保存到了今天。

从发明高倍显微镜这件事，我们就能看出来，列文虎克是个特别有创造力的人。更重要的是，他有超强的好奇心，他的创造力是为好奇心服务的。有了高倍显微镜以后，列文虎克的好奇心终于得到了大大的满足，他开始用自己制作的显微镜观察各式各样的东西。

也许在一开始，列文虎克并不知道自己会发现什么，但是很快他就发觉，在肉眼看不见的地方，有一个生机勃勃的世界。

写信告诉你，血是什么颜色的

　　列文虎克把血液放到了显微镜下，他发现血液里有很多种细胞，比如红细胞。我们知道，血液循环的重要意义在于它可以把氧气运输到全身，但是什么东西负责运输氧气呢？答案是红细胞。

　　此时的列文虎克还不知道红细胞是什么，但在显微镜下，他清楚地看见了红细胞的样子。列文虎克认为红细胞就像一个个红色的小球，那么，这些小球是怎么形成的呢？他是这样猜测的，这些红色的小球是由一些微小的粒子组成的，它们聚集在一起，然后受到血流的不断冲刷，最终形成了光滑的球形。

　　按照今天的科学知识来看，列文虎克的这些看法是错误的。实际上，红细胞并不是球形，而是像个盘子的圆形，这个圆形的两面都是凹陷下去的，并且这个"双面凹陷的圆饼"形状意义非常重大。

　　我们已经知道，在肢体末梢有毛细血管，红细胞就是要从这里通过，不过，毛细血管正如它的名字一样，十分细小，到底有多细呢？简单地说，毛细血管的粗细比红细胞的直径还要小。既然是这样，红细胞怎么才能通过毛细血管呢？

如果红细胞有弹性的话，在通过毛细血管的时候就可以变形，这样就能通过这么细的血管了。没错，红细胞的"双面凹陷的圆饼"形状就是为了达到这个目的，因为这个形状能让红细胞拥有非常好的弹性。

当然，列文虎克的显微镜虽然在当时算是先进的，但是还是不够。他只能看到红细胞的外表很像圆球，但是根本看不到它的真实形状，所以在这一点上他犯了错。不过，除了这一点错误以外，列文虎克得到的关于红细胞的大部分认识都是正确的。

比如，列文虎克测量出了红细胞的大小。他在进行观测和研究的时候，不管发现了什么东西都会测一下大小，这样的习惯和研究方法让他成为了显微测量学的奠基人。经过测量，列文虎克发现红细胞的直径是0.0079375毫米，它的体积有多大呢？大约25000个红细胞聚集到一起和一粒沙子差不多大。对照我们现在掌握的知识，列文虎克测出来的数据精确度非常高。

另外，除了观察人体的血细胞以外，列文虎克还观察了其他动物的血细胞，并且得出了一个结论。虽然不同动物的大小不一样，比如人和兔子的体形就相差很多，但是不管是人还是兔子身体内的红细胞大小是一样的。在某些特殊情况下，这个结论不适用，但是在绝大多数情况下，列文虎克得出的结论都是正确的。

除了红细胞以外，列文虎克还发现了很多东西，他还有一种强烈的欲望想要把自己所有的发现公之于众。所以，每当他发现一种新东西之后，就马上给英国皇家学会写信，试图把自己的发现在科学界公布。

但是，一开始收到列文虎克信的时候，皇家学会的人并不相信他的发现，毕竟列文虎克只是个生活在小城市里的无名之辈，而且受教育程度不高，离科学家的圈子很远，这样一个人怎么可能比英国的科学家还厉害呢？

于是，英国皇家学会专门派了几个人到代尔夫特，去检验列文虎克的研究成果到底是不是像他信里写得那么神奇。这些人见到列文虎克以后，亲自使用了他制作的显微镜。

结果，事实摆在眼前，列文虎克的显微镜就是那么神奇，一个个红细胞活生生地出现在这些人的眼前，他们只能承认，列文虎克的显微镜是真的，他的发现统统是真的。就这样，列文虎克终于可以继续给英国皇家学会写信了。

在列文虎克的一生中，他前前后后给英国皇家学会一共写了400多封信，成为给这个学术机构写信最多的人。直到今天，列文虎克保持的这个记录还没人打破。列文虎克曾说："不管我在什么时候，发现任何有价值的东西，将他们公之于众是我的责任。这种做法可以让其他人从我的发现中受到启发。"这就是一位伟大的科学家的坚持与担当。

国王有很多，列文虎克只有一个

现在我们知道，列文虎克是个宅男，几乎一辈子都没离开过代尔夫特，哪怕是跟其他科学家联系，也完全是靠写信。这很容易让我们觉得列文虎克根本没机会跟世界其他地方的人见面聊天。但事实并不是这样的。

列文虎克的发现震惊了当时的科学界，他本人很快就成了欧洲著名的科学家。他不喜欢出门，但并不妨碍其他人从世界各地来到代尔夫特专门拜访这位"宅男科学家"。不过，这让列文虎克本人非常苦恼，曾抱怨说自己4天里接待了26个客人，实在是太耽误他的实验研究了。

不过，也有一些身份特殊的客人列文虎克是挺高兴跟他们见面的，比如来自各个国家的国王和贵族。这些国王和贵族来荷兰访问的时候，往往都被安排到列文虎克这里参观，像普鲁士国王弗里德里希一世、英国女王玛丽等。

很不巧，玛丽女王来的时候，列文虎克正好出门了，结果他和女王失之交臂。列文虎克感到非常遗憾，他说："失去这次见面的机会，必将成为我终生遗憾的事。"为了不再发生这样的遗憾，列文虎克制定了一个新规矩，不管是谁来拜访他，都必须提前预约。

"预约"这个规矩非常有用，后来一位重量级的客人即将来访，列文虎克就提前在家里恭恭敬敬地等着他的到来，这位客人就是俄国沙皇彼得一世，也被尊称为彼得大帝。

彼得大帝是一位非常传奇的君主，年轻的时候曾经游历了整个欧洲，目的是详细了解欧洲各国的情况，尤其是先进的科学技术。对于这样一位统治者而言，列文虎克的家自然是他的必经之地。

在列文虎克家里，彼得大帝通过这位科学家的亲自展示看到了血液在毛细血管里流动的样子。在我们今天的人看来，这并不算稀奇；但在当时，你可以想象在彼得大帝眼里这是一番多么神奇的景象。

彼得大帝拿着列文虎克的显微镜全神贯注地看了两个多小时。在临走的时候，他激动地握着列文虎克的手，感谢这位科学家让他看到了如此震撼人心的科学现象。

列文虎克也非常激动，毕竟是一位大国的领袖给了他这样的赞誉。于是，列文虎克做了一件前所未有的事情，他竟然拿出一架自己珍藏的显微镜送给了彼得大帝，这是他送给别人的唯一一架显微镜。彼得大帝虽贵为一国之君，收到这样珍贵的礼物也兴奋得不得了，这件事成为一段佳话。

不管是谁，地位多么尊贵，如果想要了解列文虎克显微镜的秘密，就必须亲自来到代尔夫特拜访参观。列文虎克还曾经跟别人说，他做出了两个放大倍数超大的显微镜，但是仅作为自己的私人藏品，真的从来没有向任何人展示过。

在显微技术的发展过程里，马尔皮基、罗伯特·胡克、列文虎克都做出了非常大的贡献，并且他们都是生活在17世纪的伟大科学家。如果按照他们指明的方向不断向前推进，人们将很快揭开人体更加细微的秘密。

然而，在那个时代里，虽然有这几位科学家的伟大发现，但是显微镜并没有引起科学界的普遍重视。在大部分情况下，显微镜更像是某种"玩具"，对于那些既富有，又有时间、有兴趣的科学家来说，显微镜不过是满足了他们的好奇心而已。

不得不说，科学的进程总是不那么一帆风顺，显微镜技术的开端十分顺利，但是在之后的一百多年里，科学家们并没有充分发挥显微镜的价值。只不过，即便没有先进的科学技术，这些科学家单单依靠着自己的双眼还是做出了非常伟大的成绩，取得了不少突破。

在18世纪的科学界，出现了一位堪称佼佼者的科学家，纵观整个科学史，他的贡献足以和盖伦、维萨里相提并论，这个人是谁呢？

约 300 年前：
"器官"和"组织"的发现

第六章
我没用显微镜，却能发现疾病的根源

乔瓦尼·巴蒂斯塔·莫甘尼 (Giovanni Battista Morgagni，1682—1771)

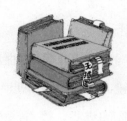

　　意大利人莫甘尼是病理学的创始人，在今天的高中生物课本中提到了他的发现。莫甘尼的研究证明了疾病起源于器官，从莫甘尼开始，人类对人体的认识达到了"器官"层面。他是怎么做到的呢？

疾病从哪里来

　　在17世纪，马尔皮基开始使用显微镜研究生物，罗伯特·胡克命名了"细胞"，列文虎克发现了血液中的细胞。这么多重要发现的"大功臣"非显微镜莫属。

　　只不过，尽管17世纪的科学家们发现了细胞的存在，但是，如果问他们细胞的结构究竟是什么样的，它在生物体内发挥了怎样的作用，科学家们仍然一无所知。可是，仅仅知道有细胞这么一种东西是远远不够的，只有真正了解了它能干什么，对生物有什么用，才能真正了解细胞的秘密。

如果想要揭开细胞的神秘面纱，那一定需要更厉害的显微镜。但是，在18世纪，显微镜在各个方面并没有取得突破性的进步，接着深入研究细胞的路在这个时候似乎走不通了。不过，科学研究从来不会停下脚步，既然这条路走不通，那就换一条路继续朝前走。

早在文艺复兴时期，维萨里就已经发现了人体是由众多器官构成的。按理说，希波克拉底和盖伦的理论在维萨里之后就应该被推翻了，然而事实并不是这样的。由于这两位医生的影响力实在是太大了，所以尽管解剖学还在不断地进步，但是把人体看成整体的四体液理论仍然被视作权威。

换句话说，在18世纪，人们还没有意识到如果器官出了问题人就会生病。这时，大部分医生依然认为人只要是生病，那就是全身整体都出了问题。而意大利医生莫甘尼发现，人在生病的时候，并不能笼统地说是全身都出了问题，而是可以把疾病的根源定位到某一个器官上。从这个时候开始，科学界对人体的认识才真正地向前迈进了一大步。

莫甘尼的全名是乔瓦尼·巴蒂斯塔·莫甘尼，有时候也被译成"莫加尼""莫尔加尼"。他出生于意大利博洛尼亚附近的一个小城镇，16岁的时候离开家去博洛尼亚大学，开始学习医学。说起这个学校，咱们要提起一位前面已经了解的科学家——马尔皮基。没错，马尔皮基正是博洛尼亚大学的教授，那么，莫甘尼和马尔皮基有什么关系呢？马尔皮基有个学生叫瓦尔萨尔瓦，瓦尔萨尔瓦是莫甘尼的老师，可以说，莫甘尼正是马尔皮基的徒孙。

1701年，19岁的莫甘尼在博洛尼亚大学毕业了，在之后的几年时间里，他一直担任老师瓦尔萨尔瓦的助手。在这段时间里，莫甘尼进行了大量的尸体解剖，留下了很多珍贵的资料。

比如，有这样一个病例，病人发烧非常严重，而且肚子疼得特别厉害。按照古典时代的医学理念，发烧是"四体液"里的血液过多造成的，那就应该把多余的血放出来。

然而，这样的疗法不但一点儿好处也没有，相反还会导致病人的病情恶化。在18世纪医生能采取的治疗手段并不多，而且大都没什么用处。就这样，这个病人的病情完全没法控制，最后不幸地死掉了。

想要避免这样的悲剧再次发生，第一步必然要搞清楚他为什么会死。莫甘尼的办法是进行尸体解剖，经过解剖他发现，这个病人得了阑尾炎，导致阑尾穿孔，这就是他的直接死因。

你肯定听说过阑尾炎这种病，要是放在今天，这并不是什么大病，外科医生只要进行一个简单的小手术，把出了问题的阑尾切除掉，就能让病人恢复健康。但是，在莫甘尼生活的时代里，就连搞清楚病人到底得的是什么病都不容易，更别谈动手术治病了。

也许你还会想，解剖尸体然后发现病到底是从哪里发生的，听起来也不是多难的事情，千万别小看这么做的意义。我们已经知道，在古典时代，医生把人体看成一个整体，人只要是生病了，那就是整个体液不平衡造成的。换句话说，在那个时代，疾病是没法明确定位的。然而，莫甘尼的研究发现，疾病有可能不是全身性的，而是在身体的局部发生的，它是可以定位的，可以确定是在身体的具体哪个位置上发生的。所以，这是一种观念上的革命，是对原来知识体系的彻底颠覆，意义及影响极其重大。

两所名校的离合

可以说，从这个时候起，莫甘尼的研究就已经打破了常规，具有开创性意义。不过，莫甘尼并没有意识到自己将改变世界，他在跟随老师学习了几年之后，居然跑回家乡的小城市，老老实实地成为了一名医生，兢兢业业地给父老乡亲看病。

不过，"金子"总是难掩他的光芒，1711年，帕多瓦大学决定聘请莫甘尼为理论医学的教授。提起帕多瓦大学，我们已经不陌生了，维萨里和伽利略都曾在这里当教授，而哈维曾是这所大学的学生。

故事讲到这里，你可能也发现了，博洛尼亚大学和帕多瓦大学的关系真是剪不断理还乱。事实上这两所大学的关系可能比你想象的还要密切，我们不如从"一切开始"的地方说起，看看这两所大学真正的渊源在哪里。

在欧洲历史上，最早的两所大学是巴黎大学和博洛尼亚大学，它们都是在13世纪初建立起来的。博洛尼亚大学的历史非常悠久，它是怎么出现的呢？

在欧洲中世纪的时候，各个行业都要保护自己的利益，于是，每个行业的人都开始成立一种叫作"行会"的组织。大学在一开始也算是一种行会，作用是保护大学老师和学生的利益。当时的老师们没有固定的教学场所，每到一个城市，就在那里讲课、教学生，然后靠学生交的学费过日子。时间长了，在一些城市里就形成了老师和学生组成的群体，他们聚到某些城市里集中在一起学习。

很容易想到，这些学生和老师都是外地人，他们跟这些城市的当地人关系时好时坏。为了保护自己的利益，需求相近的人就会抱团，慢慢地就形成了属于自己的行会。这种行会后来就演变成了早期的大学，博洛尼亚大学就是最典型的例子。

那么，博洛尼亚当地人是怎么看待大学的呢？可以说是又爱又恨：一方面学生和老师都得花钱，当地人有钱赚，对当地的经济发展有好处；另一方面，大学毕竟是个非常独立的团体，经常与当地人发生种种冲突。比如，在博洛尼亚大学刚建立大约20年的时候，就跟当地的市民闹了一次矛盾。结果，一部分学生和老师一气之下离开了博洛尼亚，去了帕多瓦这个地方建立了一所新大学，这就是帕多瓦大学。

也就是说，帕多瓦大学是从博洛尼亚大学分离出来的，而且是在"大学"刚刚建立不久就已经自立门户了。这两所大学从一开始就有很深的渊源，对于莫甘尼来说，他在博洛尼亚大学上学，然后去帕多瓦大学工作，更是让这两所大学之间的联系更加紧密了。

健康的人千篇一律，生病的人各有各的疾病

1222年，帕多瓦大学和博洛尼亚大学正式分开，在大约500年以后的1711年，莫甘尼这位博洛尼亚大学的学生来到帕多瓦大学，凭借一己之力，给这所古老的大学带来了新的辉煌。

为什么说是莫甘尼一个人带来的新辉煌呢？因为当时欧洲最好的大学其实是坐落在荷兰莱顿的莱顿大学，说起来，莱顿大学还是帕多瓦大学的学生建立的，但是它已经后来者居上，在很多方面超过了帕多瓦大学。就是在这种情况下，莫甘尼坚持在帕多瓦大学开展研究，秉承这所大学非常好的传统——不断探索、创新的精神，他不盲目迷信古代科学家的观点，亲自实践研究之后去判断前人的看法是否正确。

莫甘尼非常具有科学精神，他的气质也与帕多瓦大学的

氛围相契合，优秀的他仅用了4年的时间就被任命为解剖学教授，这可是当时最古老也是最受尊重的职位了。

就这样，莫甘尼在帕多瓦一住就是60年，他是个地道的学者，在漫长的岁月里把精力全部放在了研究上，过着一种远离世事的生活，几乎不跟科学界以外的人打交道。

年轻的莫甘尼就已经觉察到古典时代的名医可能说得不对，引发疾病的原因应该不是整体的问题，而是在具体的器官上。在几十年的研究里，他进行了大量的尸体解剖，收集了很多资料，这些工作对他观点的提出起到了非常重要的支持作用。

要知道在当时人的观念中，能接受尸体解剖并不容易，大部分人还是觉得应该"留个全尸"。想要给去世的病人进行尸体解剖更不容易，许多解剖学家想找尸体需要费些周折。不过，意大利人在这一点上还是挺超前的，他们对于尸体解剖本身没有任何偏见，不管是穷人、富人，还是那些身份地位崇高的人都能接受这件事，甚至有很多人明确表示，希望自己死了以后能被莫甘尼检查，从而找到准确的死亡原因。

莫甘尼在几十年的时间里默默地进行了大量的研究，过程中，只是和自己的朋友写信进行必要的学术交流，而没有将自己的研究成果四处张扬。人们始终搞不清，这么一位知识渊博的人，为什么几乎不公开发表自己的成果。

所谓"不鸣则已，一鸣惊人"，直到莫甘尼将近80岁的时候，他终于决定把自己这辈子的发现总结一下，将研究成果以书籍的形式出版。在1761年，他一口气出版了5本书，这套书的名字叫作《论从解剖学角度研究的疾病的发生部位和起因》。

这套惊世之作一经出版，古典时代的"体液论"终于被动摇了。如果说维萨里的研究是通过描述人体中的器官发现疾病的良好开端，莫甘尼的发现则说明疾病正是从这些器官发生的，而完全不是什么体液的不平衡导致的。莫甘尼的著作和维萨里的《人体的构造》一样都是具有划时代意义的作品。

没用显微镜，疾病也别想跑

莫甘尼的著作出版以后，很快就引起了医学界的轰动。每个欧洲国家的医生都抢着买这套书；不光是欧洲，就连远在美洲的医生们也都想方设法想要尽快读到莫甘尼的大作。

结果，在短短3年时间里，这套书就再版3次，成为名副其实的畅销书。

如果你在今天把这套书捧在手里翻开，随便翻几页就会觉得有点儿奇怪，这5本书里居然没有一幅插图。我们已经讲过了那么多科学家，他们的书里都有特别精美的插图，这可太反常了。特别是在莫甘尼生活的18世纪，印刷术已经很发达了，那个时代的解剖学家都会给自己的书配插图，为什么莫甘尼没有保持这个传统？我们继续寻找那些"被忘记的细节"，还会发现什么呢？如果你将莫甘尼的故事和前面几位科学家的故事稍微做个对比，就会得到一个重要细节——在莫甘尼的故事里反而没有出现显微镜！

那么，问题来了，"没有显微镜"和"没有插图"这两者之间会不会有什么联系呢？莫甘尼之所以没有在书里加插图，会不会就是因为他没用显微镜？

说起这个，我们要再回头看一下维萨里。维萨里进行的解剖学研究是研究正常的人体结构。既然是正常的人体结构，就算是每个人有区别，但大致上还是有规律的。比如说肝脏，可能高个子的人肝脏也大，小个子的人肝脏也小，但是不管身高相差多少，肝脏的形状都差不多，而且里面的结构也都一样。既然是这样的话，在观察了很多肝脏以后，维萨里就能画出肝脏的"样板"来。

但是，莫甘尼的研究跟维萨里不一样，他在寻找器官的病变跟疾病之间的关系。也就是说，他的研究直奔那些不正常的器官。对于有病变的器官来说，哪怕是同一种疾病，发生在每个人身上时的具体表现也是不一样的。

我们还用肝脏举例，比如，肝癌这种疾病发生在不同的病人身上时，表现就很不一样。根据现在的医学知识，癌是正常的细胞出了问题，它们不受控制地疯狂生长，最终形成了肿瘤。对于不同的肝癌病人来说，有的人的肿瘤可能长在肝脏的边缘上，有的人的肿瘤长在肝脏靠中间的位置上。虽然都是患有肝癌，但是每个病人的具体情况看上去都不尽相同。

　　莫甘尼见过的病人越多，他就越能感到，根本没有什么"标准"去描述每种疾病的共性。既然是这样，回到有肝癌的肝脏，莫甘尼不管画成什么样子都没法清楚地展示出它们可能出现的所有样子，只能选择不配插图了。

　　看到这里我们已经知道，莫甘尼的研究确实非常伟大，他让我们知道生病是器官出了问题，这是一个划时代的发现。但器官到底为什么会出问题呢？这就需要继续对更深层次的问题进行研究。想要做到这一点，必须有更加精密的显微镜去了解更细微的结构里的秘密。

　　而在莫甘尼生活的时代里，已有的显微镜还做不到这一点，莫甘尼自然不能靠显微镜弥补自己的不足。

　　在莫甘尼之后，科学家们还需要多长时间才能真正发现细胞的秘密呢？科学研究从来都不是一帆风顺的，在"器官"和"细胞"之间，还有一个值得我们了解的"层次"，接下来登场的这位科学家将带我们打开新世界的另一扇大门。

7

约 300 年前：
"器官"和"组织"的发现

第七章
我也没用显微镜，也能发现疾病的根源

比夏 (Marie François Xavier Bichat，1771—1802)

法国人比夏沿着莫甘尼指出的道路继续前进，提出疾病起源于"组织"，并命名了21种组织。他的发现让人类对人体的认识达到了"组织"层面。他又是怎么做到的呢？不过，组织到底有几种类型？

在埃菲尔铁塔上留名的人

提起法国首都巴黎，我们马上就会想起几个著名的建筑，凯旋门、卢浮宫和埃菲尔铁塔，它们几乎成为了巴黎的标志。但是，关于这些建筑背后的故事，并不是每个人都知道。

比如，我们一眼就能认出造型独特的埃菲尔铁塔，却很少有人知道，一开始法国人并不喜欢这个建筑，因为它的设计理念过于现代，跟巴黎那些古代建筑格格不入。当时，开始营建埃菲尔铁塔的时候，就有很多法国人反对；为了让这些人不这么激烈地反对，埃菲尔铁塔的设计师想到了一个好办法：如果我挑出人们心中认可的法国历史上最伟大的科学家和工程师们，然后把他们的名字刻在铁塔上，这座新奇的建筑就变成了英雄的纪念碑，应该没有那么多人反对了吧。

果不其然，聪明的设计师的办法行之有效，于是，埃菲尔铁塔上就刻上了72位大人物的名字。法国是一个历史悠久的国家，在科学领域人才辈出，能被选中的话，相当了不起，我们即将认识的科学家比夏就位列其中，可见他在法国科学界的崇高地位。

比夏出生在法国的图瓦雷特，比夏是他的姓，有时候也被翻译成比沙、比柴。他的父亲是一位医生，毕业于蒙彼利埃大学，比夏从小受到父亲的影响，对医学产生了浓厚的兴趣。长大以后，比夏去了法国的里昂上学。在求学的过程中，他真是学什么会什么，尤其是在数学和物理这两门课上，特别有天分。不过，最终比夏还是决定研究医学，而且把毕生的精力都用在了解剖学和外科学上。

1793年，比夏成为一名军医，为驻扎在阿尔卑斯山的军队服务。如果是在和平年代，比夏很可能就这样度过平淡的一生。但是，比夏生活的年代不但战火纷飞，而且堪称是

欧洲历史上最为风起云涌的一段时光。

　　关于这段时间法国发生的大事件，你在高中历史课上会学到。在这里，有几个人物值得一提。一个是当时的法国国王路易十六，他被送上了断头台，成为了欧洲历史上第二个被砍头的国王（第一个被砍头的国王是英国的查理一世，他曾支持威廉·哈维研究血液循环）。另一个必须提及的人物就是战功赫赫的拿破仑。

在他们生活的年代，法国爆发了影响整个欧洲乃至世界历史的法国大革命。就在比夏成为军医的1793年，法国国王路易十六被送上了断头台，而拿破仑在著名的土伦战役中脱颖而出，被破格提升为将军，从此登上了历史舞台。知道了这些，就大致了解了比夏生活在怎样一个年代里。

在拿破仑统治时期，法国一直在跟别的国家打仗。你可能会想，身为军医的比夏肯定是随着军队到处打仗，怎么还有时间进行科学研究呢？这是因为比夏的命运很快就迎来了转机。

比夏成为军医的第二年，也就是1794年，他阴差阳错地来到了首都巴黎，在这里遇到了一个前所未有的好机会，并且因此受到了良好的医学教育。在法国大革命期间，整个社会都发生了翻天覆地的变化，医学教育也不例外。以前法国的大学跟其他欧洲国家没什么区别，都是学校自己管自己，国家并不干涉。但是，在法国大革命时期，革命委员会认为应该把国家所有的事务都管理起来，大学也理应归国家管。于是，所有的大学都被迫关闭，等待整顿了以后再开放。

经过了这次改革以后，法国的医学教育发生了巨大改变，这对那些想上大学但家里经济条件不好的学生来说是个非常好的机会。在其他国家的大学，上学是要花很多钱的，而现在法国的大学归国家管了，国家有义务培养更多的人才，所以有些优秀的学生就得到免费学习的宝贵机会。

除了免除学费以外，法国的医学教育形成了自己的特点。在其他国家的大学里，医学生要花费大量的时间学习基础知识，得先把基础打牢了，才能到医院去一边给病人治病，一边继续学习。

但是，法国的大学不一样，他们特别重视临床教育，也就是说，学生坐在教室里学基础知识的时间特别短，绝大部分时间医学生都在医院里实践，这样法国的医学生从一开始就一边给病人治病，一边学习，比夏就是在这样一种环境下学习成长起来的。

这个时候，法国乃至整个欧洲最著名的外科医生名叫皮埃尔·约瑟夫·德索。德索上课的时候有一个习惯，他在每天开始上课之前都要先请他的一个学生念报告，报告的内容就是昨天讲课的内容。有一天，按照计划该做报告的学生没准备好，他结结巴巴、支支吾吾地站在讲台上，十分尴尬。正在这个时候，另外一个学生站了起来，他主动要求替这个没准备好的同学做报告，这个自告奋勇的学生正是比夏。

比夏既然敢主动站起来讲，那当然是很有底气的。果不

109

其然，他讲得非常精彩，他的同学听了以后很震惊，从此对他刮目相看，连德索这么厉害的老师都对他印象深刻，觉得比夏是个可造之材，开始对他进行重点培养。

比夏为什么能随时做这么精彩的报告呢？就是因为他在平时也下功夫，即使不上课他也勤奋刻苦地不断学习。就这样，勤勉的比夏得到了最好的老师德索的培养，顺利完成了自己的学业之后在法国的主宫医院当了医生，同时也在大学授课。

比夏对解剖学非常感兴趣，本想要给学生讲这门课程，但是医院和学校都已经有了别的人选，就拒绝了比夏的要求。别忘了，比夏毕竟是那个敢在课堂上主动站起来做报告的人，就算别人不让，他也要自己试试，于是，他干脆独自开设了解剖课，私下给学生讲解剖学相关的知识。

这一讲可不要紧，许多学生都喜欢上了这门课，来听课的学生越来越多。

跟莫甘尼一样，比夏的研究是要解剖人体的，勤奋的他进行了多少次解剖实践呢？一年600多次。试想一下，一年一共才365或366天，他却做了600多次解剖，也就是说，平均每天都要进行2次。正所谓"天道酬勤"，比夏的努力终有一天会大放光彩。

情投意合的细胞总会相遇

功夫不负有心人，比夏终于发现了前人没有发现的东西——组织。这是什么呢？弄清"组织"的来龙去脉还要从莫甘尼说起。

莫甘尼已经发现人体的疾病是因为器官出了问题，但是，除了器官以外，我们的身体里还有其他"东西"，比如血液，它不属于器官，但不容置疑，它也是我们身体的一部分，那它算什么呢？

除了血液这些"不算是器官的东西"以外，比夏还在思考一个问题，有的时候不同的器官发生了病变，但病人的症状是相同的。所谓"症状"就是病人感到哪里不舒服，比如得阑尾炎的病人肚子疼，得肝癌的病人也可能肚子疼，疼痛就属于症状的一种。简单地说，"症状"就是一种比较主观的感受，是病人自己的感觉。

那么在生病的时候，病人一定还会有一些客观的表现，也就是医生可以观察到的情况，这些情况叫什么呢？它们有一个专门的术语，叫作"体征"。比如，体温、脉搏、呼吸和血压，这些情况都是医生可以观察到的。

当然，有些情况比较复杂，比如，病人如果出现了发烧的情况，自己肯定是有感觉的；而医生用体温计量一下他的体温，也可以观察到这个病人发烧了，所以，诸如发烧这种情况，既是症状，也是体征。

在很长一段时间里，比夏都在思考一个问题：既然不同的器官可以引起相同的症状，那么，有没有一种可能，在不同的器官里存在着相同的东西呢？如果是这样的话，这些相同的东西出了问题，不同的器官就都会受到影响。

换句话说，在组成人体的组织结构里，还有一种比"器官"更微观、更精巧的结构，正是它们构成了器官。比夏就是这么猜测的，他管这种结构叫"膜"，其实就是我们现在所说的"组织"。

按照今天的认知，"组织"是由形态相似、功能相近的细胞组成的结构，但还没有形成"器官"这么独立的构造。比如，在我们皮肤下面的那些"肥肉"，其实大部分成分是脂肪，它们就属于"结缔组织"。知道了这个概念，继续向前推导，器官是由不同的组织构成的。以肌肉为例，那些红色的、在活动的时候会收缩的部分是肌肉组织构成的；而那些白色的、把肌肉组织跟别的地方连起来的部分叫作肌腱，肌腱属于结缔组织。也就是说，一块肌肉是由肌肉组织和结缔组织两种组织构成的。

请注意，比夏和莫甘尼一样，都没有用显微镜，完全是靠自己的眼睛去观察的。所以，比夏确实发现了组织，但他还是没有搞清楚组织究竟是什么，它们对人体有什么意义。

但不容否认的是，比夏的发现让当时的人们对于人体的认识又深入了一步。维萨里了解了人体里有很多器官，莫甘尼发现这些器官病变是导致人体生病的原因，而比夏则更深入地发现器官是由组织构成的。这样，医学界对疾病的根源的追溯也可以更深一步，达到组织的层次了；至此，在生物学领域，科学家们对于生物体的结构的认知也上升了一个新高度。

在这之后，比夏又进行了很多研究，他最终发现了21种组织，这在那个时代是非常了不起的发现。在1796年，比夏还和其他同事一起建立了法国医学学会，为法国的医生提供相互交流、相互学习的平台，促进了法国医学的发展。

当比夏的名字刻在埃菲尔铁塔上的时候，这样的荣耀是名副其实的。

此"4"非彼"4"

但是，比夏的发现是完全正确的吗？并不是。最大的问题出在他发现的"组织"的种类数量太多了，人体的组织并没有21种那么多。后来德国显微解剖学家梅尔在1819年提出了新看法，他认为组织只有8种。不过按照现代生物学的知识，8种组织还是太多了。那么，组织究竟分为几种呢？

其实，组织分为4种类型，分别是上皮组织、结缔组织、肌组织和神经组织。还需要注意一点，构成组织的不光是细胞，还有细胞外基质。这些"细胞外基质"是细胞产生出来的，它们填充在细胞的周围，让细胞有了一个更好的生活环境。

我们已经知道，组织是由形态相似、功能相近的细胞组成的。所谓形态相似，就是构成同一种组织的细胞长得都差不多；所谓功能相近，就是同一种组织里的细胞要完成的工作都差不多。就是因为这样的特点，同一种组织才能完成大致相同的"使命"。下面让我们来仔细认识一下这4种组织。

第一种组织叫作上皮组织。从名字上可以猜到，这种

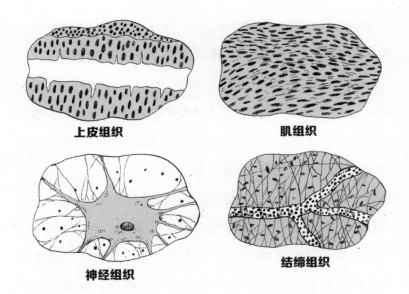

上皮组织　　　　　　　肌组织

神经组织　　　　　　　结缔组织

组织一般分布在身体的表面。还有一些器官中间是空的，也就是有一个腔，比如胃就是这样的空腔脏器，在这些空腔的表面上，分布的也是上皮细胞。上皮细胞一面朝外，一面朝里。朝里的这面和其他细胞紧紧挨着，所以叫基底面；朝外的一面会接触到空气，叫游离面。在这样的环境里，上皮细胞形成了一种非常有趣的特点——基底面和游离面会有不同的功能，有个专业术语称呼上皮细胞的这种特点，叫作极性。

　　第二种组织叫结缔组织。结缔组织很有意思，它们就像是其他组织和器官的后勤部长，负责给其他组织和器官提供保护、营养、修复和防御等功能。在人体里，到处都有结缔组织的身影，因为它们的功能实在是太多，也太重要了。

我们可以这样概括地认识结缔组织：那些没有形成某种器官，但是在身体里无处不在的组织，都可以归到结缔组织的范畴里。这样的分类方法虽然不够准确，但是已经能让我们大致理解结缔组织的功能。再具体形象一点儿，比如，我们身上的软骨就属于结缔组织，它们没有形成某一块骨头，但起到了很重要的支撑作用。再比如血液，血液是液体，在身体里循环往复地流动，它不属于某个器官，因而很难对它们进行分类。幸亏有结缔组织这个概念，血液也就被归入其中。

第三种组织是肌组织。人体的每块肌肉都是一个独立的器官，组成这些肌肉的就是肌组织。别看全身的肌肉有600多块，但是肌组织其实只有三种：心脏的心肌、胳膊和腿上的骨骼肌、促使肠蠕动的平滑肌。

虽然都是肌组织，但是它们之间的差别很大。当你想伸胳膊伸腿的时候，这些部位的肌肉就会动起来，这种你想让它动，它就会动的肌肉叫作"随意肌"，骨骼肌就是随意肌；心肌和平滑肌就不一样，不管你想不想让它们动，它们都要动，这样你的心脏才会跳动，你的肠子才会蠕动起来消化食物，这些肌肉就叫作"不随意肌"。

既然心肌和平滑肌都是不随意肌，那么这两种肌肉组织之间有什么区别呢？举个小例子。外科医生在做手术的时候，会让麻醉师使用肌肉松弛药物，为了让肌肉停止活动。这是非常必要的，要不然肠子不停地蠕动，医生怎么给它们做手术呢？你可能会问了，要是用了肌肉松弛剂以后，心肌不活动了，那心脏岂不是也没法跳动了？别怕，这种药物对心肌是没有作用的，所以在手术麻醉的时候，心脏该怎么跳还怎么跳。这样就看出心肌和平滑肌也是有很大区别的。

第四种组织就是神经组织了。我们的大脑和脊髓是中枢神经，而身体其他部位的神经是周围神经。我们能够思考问题、学习知识依靠的是大脑，而我们能感到冷、热，品尝到酸、甜、苦、辣、咸，受到伤害的时候能感到疼痛，这些都是神经的作用。更重要的是，不管我们想做什么动作，都要靠神经来支配我们的身体，如果没有神经系统，才是真正的"寸步难行"。

说到这里，就一目了然了，我们的身体里有4种类型的组织，而这些组织又构成了器官。也就是说，认识了"组织"人类在认识生物结构的过程中，更上了一层楼。

科学的面纱就是这样一层又一层地被揭开：从欧洲古典

时代的整体观念，到认识系统、认识器官，再到认识是什么构成了器官，这虽然是相当漫长的过程，却是飞跃般的进步。那么，问题来了，之前已经有罗伯特·胡克等科学家发现了细胞，现在又有比夏发现了组织，细胞和组织之间究竟有什么关系呢？接下来我们将继续深入认识生物的结构，去看看又有哪些科学家进一步发现了这个秘密。

新荷兰的
未知植物

约 200 年前：
细胞砌成的生命

第八章

"小房间"里的"小坚果"

发现细胞核

新荷兰的未知植物

罗伯特·布朗 (Robert Brown, 1773—1858)

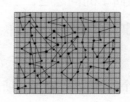

英国人罗伯特·布朗命名了细胞核，这是生物学史上的重要事件，也为日后细胞学说的提出做了良好的铺垫。但是，在今天的高中生物课本中并没有提到他，反而是以他命名的"布朗运动"被写进了物理课本，这是怎么回事呢？

另一位被写进物理课本的生物学家

在19世纪初期，尽管科学家还没有认识到细胞的作用，但是随着显微技术的不断进步，对于细胞内部结构的认识取得了重要的进展。一位科学家发现了细胞里面的重要结构——细胞核。

这位科学家名叫罗伯特·布朗。当我们说起他的时候，得先明确一个问题，这是哪个罗伯特·布朗？你可能会说：

"多简单的问题啊，当然是植物学家罗伯特·布朗了！"但是事情并没有这么简单。

对于西方人来说，罗伯特是一个特别常见的名，布朗是一个特别常见的姓。所以，罗伯特·布朗这个姓名很普遍，同名同姓的人非常多，别说普通人了，光是在著名的植物学家里，叫罗伯特·布朗的就有好几个。

我们现在说的罗伯特·布朗出生在1773年，去世于1858年。也就是说，他主要生活在19世纪的上半叶。在这么多的罗伯特·布朗之中，这位布朗中国的大小读者最为熟悉，因为他的名字出现在了中学物理课本里。

等等，问题又出现了，布朗是个植物学家，是研究生物的，为什么他偏偏没有出现在生物课本中，反而在物理课本里留下了身影？我们先去看看罗伯特·布朗是谁，有什么样的经历，再来回答这个问题。

1773年，罗伯特·布朗出生在苏格兰，他是个地道的英国人。布朗年轻的时候一直在苏格兰生活，大学就读在爱丁堡大学，这所大学是苏格兰非常著名的大学，尤其是医学专业，在那个时代是世界领先的。

布朗在爱丁堡大学学习医学，成绩优异，毕业以后参军成了一名军医，但他最感兴趣的是植物学，所以在接下来几年时间里，布朗把精力都用在了植物学上。通过坚持不懈的努力，布朗逐渐在植物学界有了点儿小名气。

　　但是，想研究植物学还是要到大自然里去。那个时代的植物研究跟今天不一样，今天的植物学家已经认清了大部分植物，想要发现新的植物物种可不容易，但是在布朗生活的那个年代，还有大量的植物等着他们去发现。只不过想要有这样的发现，老待在英国本土是不行的，一定要去新地方探险才行，布朗到哪儿去找这样的机会呢？

　　1798年，布朗因为一次征兵任务来到了伦敦，他在这里认识了约瑟夫·班克斯爵士，班克斯爵士慧眼识珠，一下就注意到了布朗。班克斯爵士是个什么样的人呢？他能给布朗提供什么帮助呢？

　　原来，班克斯爵士曾经跟随库克船长进行环球航行，这次航行举世闻名，是一次极为著名的科学考察。后来，达尔文能进行全球科学考察，跟班克斯爵士引领的探险潮流是分不开的。这次考察结束之后，班克斯爵士在英国科学界名声大噪，地位越来越高。当罗伯特·布朗认识班克斯爵士的时候，班克斯已经担任了20年英国皇家学会的会长，他在英国学术界的地位非常稳固，享有很高的声望。

　　当时的布朗只是在业余时间进行植物研究，还算不上一名真正的科学家，但班克斯发现这个小伙子不简单，他不但对各种植物非常熟悉，而且性格很好，为人热情，这样的人非常适合团队合作，一起去探险。

也正是在1798年，英国计划了一次探险活动，目的地是澳大利亚。那时候，这块土地对于英国人来说还是非常陌生的，最早发现澳大利亚的是荷兰人，所以这块土地一开始被叫作"新荷兰"。1788年，澳大利亚成为了英国的殖民地。也就是说，1798年，澳大利亚落到英国人手里不过10年时间，怪不得英国人要组织探险来看看自己的这么大一块地盘里到底有什么。

更何况，澳大利亚对于班克斯爵士来说，有一份特别的感情。当初，班克斯在环球航行的时候就曾经到达过澳大利亚，由于他是名植物学家，还把澳大利亚的一个港湾命名为"植物学湾"，这个名字一直沿用到今天。

布朗听说有一支探险队要去澳大利亚探险，非常兴奋，他特别希望能跟随这支队伍出发，去看看澳大利亚有什么大家都没见过的植物。遗憾的是，这支探险队已经有了合适的植物学方面的人选，他就是著名的探险家、科学家芒格·帕克。正在布朗觉得希望落空的时候，事情突然出现了转机——芒格·帕克退出了这次探险，布朗成为了最合适的替补。

在班克斯爵士的推荐下，布朗终于加入了这次澳大利亚探险。这支探险队一直拖到了1801年7月才正式启程，不过"拖延"也未必是坏事，这让布朗有了充足的准备时间。布朗的这次探险一去就是4年，在这4年里，他收集了3400多种植物的标本，其中有2000多种都是人们前所未见的。

1805年5月，布朗回到了英国，他又花费了足足5年的时间才把自己采集到的标本整理清楚，然后把研究成果在科学界公开发表了。凭借这些惊人的发现，布朗当之无愧地成为了一名伟大的植物学家。

在接下来的几十年里，布朗一直在植物学界享有崇高的地位。在很多国家的科学院和科学学会里，布朗都以院士或者会员的身份位列其中。更重要的是，英国人为了纪念植物学的创始人——瑞典科学家林奈，建立了林奈学会，这是植物学领域非常重要的机构，而布朗曾经担任林奈学会的会长。另一个著名的科学机构是大英博物馆，在1837年，大英博物馆的自然历史部门分成了三个部分，其中一个就是关于植物学的，而布朗在这一年成为了这个部门的首位负责人。

毫无疑问，罗伯特·布朗是19世纪最伟大的植物学家之一，别急，更辉煌的成绩还在前方等着他。

启发爱因斯坦的人

1827年，布朗突然有了一个新奇的想法，如果把花粉放进水里，然后用显微镜观察一下，它们会是什么样子的呢？他在显微镜下看见花粉在水里一刻不停地运动，这个结果令他大吃一惊。

要知道，在这个时候的100多年前，牛顿已经提出了三大运动定律。按照牛顿定律，在没有外力作用的情况下，物体会保持原来的状态，如果是静止的，就应该保持静止状态才对。这些花粉被放在水里以后，并没有受到外力的作用，它们应该安静地悬浮在水里一动不动才对，为什么会不停地乱动呢？

布朗经过观察发现，这些花粉的运动不仅是在水里的位置发生了变化，它们的形状也在发生变化。他反复地观察了这些运动以后，非常明确地指出，产生花粉运动的原因不是液体的流动，也不是由于水在缓慢地蒸发，而是因为这些颗粒的本身。难道这些花粉有什么特殊之处吗？这些花粉来自于生物，生物会不会天然就带有一些特殊的力量？布朗在脑海里生发了各种猜想。

布朗是一个严谨的科学家，想要证明自己的猜想和观点，还是要通过实验。如果花粉是因为有独特的生命力而发生了运动，那么那些没有生命力的东西，在水里自然就不会动了。

布朗忽然想到，自己使用的是新鲜花粉，如果换成已经死掉的花粉，结果会不会不一样呢？于是，他把花粉晾干，重复了这个实验。然而，把晾干的花粉泡在水里，结果居然是一样的：这些干燥的花粉同样会在水里出现不规则运动。

布朗还是不死心，他又拿出用酒精溶液泡过的花粉，在这之前，他用酒精把花粉足足泡了11个月。这些花粉肯定是"死"得透透的了。奇怪的是，布朗还是看到了同样的不规则运动。难道酒精还是不能彻底消灭花粉的生命力吗？于是，布朗又找来了保存很久的花粉，有一些被烘干以后保存了20年，还有一些甚至已经被烘干保存了100年以上，然而，结果还是没有变化。

好吧，死掉100年以上的植物也许依然有生命力，如果时间更长呢？布朗想到了煤炭，因为煤炭就是植物的化石。他把煤磨成粉末泡在水里，可是这种不规则运动依然存在。

看到这样的情况，布朗慨叹植物生命力的顽强，但他仍不死心，继续猜想：如果是那些本来就不是生物，不可能存在"生命力"的东西呢？它们也会出现这种不规则的运动吗？

于是，布朗观察了各种奇怪的东西，比如玻璃、矿石、金属，甚至千辛万苦地找到了一些狮身人面像的碎片。他将它们碾成粉末之后，放到水里，这些东西在水里的情况跟花粉的表现没有任何区别，还是会出现这种不规则运动的现象。

到了这个时候，布朗终于得出了自己的结论：这些活动不仅局限于生物，只要是粉末足够小，能够悬浮在水里，那么这种不规则运动都会出现。但是，这种运动为什么会出现呢？布朗其实并没有搞清楚，只是他认为这种能运动的"分子"是广泛存在的。

注意，布朗观察的是花粉和各种东西的粉末，根本没有观察到"分子"。19世纪的显微镜也不可能看到"分子"，但为什么他的结论里却提到了"分子"呢？

那是因为在19世纪，"分子"这个词和我们今天所理解的完全不一样。我们今天认知的分子是构成物质的基本微粒，比如，水就是由水分子构成的。但是，布朗此时所说的分子指的是动物和植物体内一种特殊的、有生命力的小微粒。换句话说，虽然布朗所描述的运动也是分子的不规则运动，但是和你在中学物理课本上所学到的那个布朗运动并不是一回事。从罗伯特·布朗提出的布朗运动演变成中学课本上学到的布朗运动这个过程非常复杂，好在中间发生的这一系列复杂的故事跟我们现在要说的关系不大，我们不如跳过它们来直接看结论。

在20世纪，一位伟大的科学家对布朗运动进行了科学的解释，他就是咱们很熟悉的阿尔伯特·爱因斯坦。在爱因

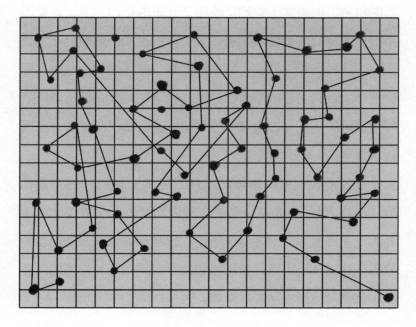

斯坦生活的年代里，科学家们已经断定有分子和原子的存在，但是它们毕竟无法用肉眼被直接观察到，所以人们对分子和原子的认识只停留在理论研究层面。

爱因斯坦认为分子非常非常小，和分子相比，花粉就是庞然大物了。而这些分子每时每刻都在运动，它们不停地撞击着花粉，在某一个瞬间，这些分子的撞击就会造成花粉的受力不均，于是，花粉就会出现运动。因为分子的运动是不规律的，所以花粉的运动也是不规律的。

换句话说，罗伯特·布朗虽然观察的是花粉以及各种东西的粉末，但事实上它们反映出了分子的运动。不过，爱因斯坦是著名的理论物理学家，关于布朗运动的解释仍在理论层面，还没有经过证实；好在没过多长时间，一位法国实验物理学家证实了爱因斯坦的推论，说明他对于布朗运动的解释是正确的。正是因为有了这样的结论，布朗运动才会被写进了课本。

当我们说起爱因斯坦的时候，经常会提到1905年是他的"奇迹之年"，在这一年里，爱因斯坦发表了三篇非常重要的论文，主题分别是量子理论、狭义相对论和布朗运动的原因。从这一点上就能看出来植物学家罗伯特·布朗的重要性，竟然是他启发了爱因斯坦。

细胞的另一个秘密

除了发现布朗运动以外，罗伯特·布朗还有更为重要的发现。不得不说，布朗生逢其时，那时，显微镜的技术又一次进步了。

我们之前说过，当年玻璃质量不够好，所以单镜片的显微镜反而放大倍数更高、看得更清楚。现在咱们来讨论一下，为什么双镜片的显微镜反而看不清。

我们平时看见的光线被称作白光，但其实它是由7种颜色的光组合起来的，分别是赤橙黄绿青蓝紫。光线在经过一些透明东西的时候，就会被分解成为7种颜色的光，比如，我们看到的彩虹，就是在下雨的时候，空气中有微小的水滴，光线在经过这些水滴的时候被分解成了7种颜色。当我们使用早期的显微镜的时候，光线透过镜片形成影像，其实是7种颜色的光线分别形成7个影像，然后叠加在一起。但是，光线穿过镜片的时候，7种颜色的光被分开了，重新叠加到一起时很难做到严丝合缝，这样，形成的影像就会变得模糊，用专业术语表示就是"色差"。

　　这个问题该怎么解决呢？制造显微镜的人采取了一个巧妙的办法：他们用两块不同的显微镜玻璃片叠加在一起，这两个玻璃片的性质不一样，它们形成的色差的性质恰好是相反的。这样一来，两个玻璃片叠加到一起各自形成的色差就被抵消掉了，图像就变得清晰起来。

　　自从有了这个技术以后，复式显微镜越来越实用，成为科学界的"新宠"。科学家们终于能用它来观察更细微的事物了，幸运的罗伯特·布朗恰好赶上了消色差显微镜的发明，他兴冲冲地用这种新型显微镜开始了自己的研究。

　　植物学家果然离不开老本行，当布朗拿到这么先进的显微镜以后，便迫不及待地用它观察植物的结构。他发现，在植物的细胞里有一个奇怪的结构，而且不管是什么样的植物细胞之中，这个结构都存在。

　　这个小东西的形状很像是松子、杏仁之类坚果的果实，所以，布朗就给这个东西起名叫作细胞核。但和其他很多重要发现一样，尽管布朗发现了细胞核，但是细胞核究竟是由什么东西构成的，它对细胞有什么用处，他其实并不清楚，这些工作需要等待科学界的"继承者们"来一步一步地完成。

　　在罗伯特·布朗生活的时代里，不只是他一个人在研究细胞的内部结构，很多人都做出了重要的贡献。可以说，从这个时候起，科学家们已经不仅仅是认识到细胞，更开始关注细胞内部有什么东西，这些东西有什么作用。

人们对于生物的认识进入到了另一个崭新的时代。

约 200 年前：
细胞砌成的生命

第九章
最伟大的老师

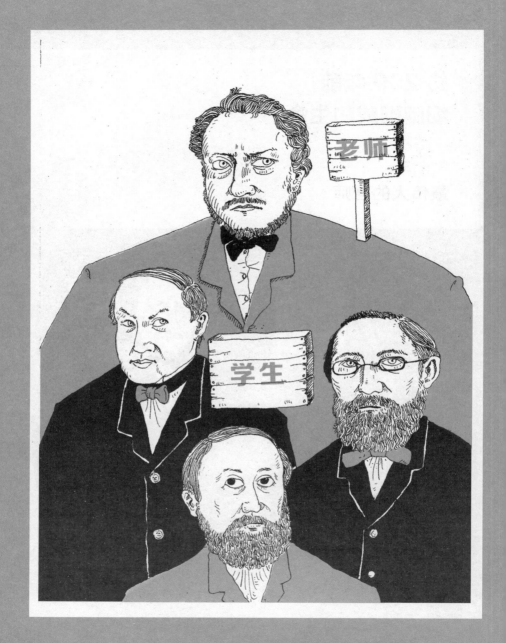

约翰内斯·彼得·穆勒 (Johannes Peter Müller，1801—1858)

　　恩格斯提出19世纪自然科学界的三大发现分别是能量守恒与转换定律、进化论以及细胞学说，其中，能量守恒定律和细胞学说的提出，都得益于德国科学家穆勒的学生，尤其是细胞学说的提出，几乎全部归功于穆勒的学生们。这位功不可没的老师如何教导出这么多出色的学生？

不是德国人的德国科学家们

　　在19世纪的生物学舞台上，最热门的"表演"是对细胞的深入研究，冲在一线的"科学之星"是一群德国科学家。由于英、法两国的科学家对显微镜不够重视，而德国的科学家认认真真地把显微镜作为科学研究的重要工具，因此，在提出细胞学说方面，德国科学家成了当之无愧的主角。

这些德国科学家真的是德国科学家吗？这个问题看起来很奇怪，咱们换个不那么奇怪的方式来问，我们所说的"德国"是什么时候出现的？答案是1871年。既然在此之前并没有"德国"，哪儿来的"德国科学家"呢？

关于细胞学说的形成，主要靠的就是19世纪的德国科学家，所以我们有必要了解一下这个问题的来龙去脉，简单地回顾一下德国的历史。

早在罗马帝国时代，一群被称作"日耳曼人"的人就形成了部落。到了中世纪，日耳曼人形成了早期的封建国家，建立了"神圣罗马帝国"。但是，这个帝国能力有限，并不能把所有的日耳曼国家团结到一起，反而形成了一堆大大小小的邦国。这些日耳曼国家相当地多灾多难，特别是在17世纪，它们被卷入了一场可怕的战争，叫作"三十年战争"。从名字就能看出来，这场战争持续的时间极长，从1618年打到1648年。

在这场战争中，日耳曼国家损失惨重，很多邦国的男人因为参战丧命，死了大约一半。更可怕的是，当别的国家正在加强中央政权的时候，日耳曼国家却如此涣散，危在旦夕。

果不其然，就在三十年战争之后，日耳曼国家分裂成了

314个小邦国，除此以外还有1475个骑士庄园领地。也就是说，从17世纪中期开始，日耳曼人足足分裂为1789个小政权，政权之间混战不断，完全看不到统一的希望。

到18世纪初期，有两个国家崛起成了强国，其中一个是奥地利，另一个是普鲁士。

这种情况到了19世纪初期又发生了变化，这种变化"得益于"法国的军事天才拿破仑。拿破仑在欧洲东征西战，可以说是战无不胜，日耳曼国家，特别是普鲁士吃了大亏。

1806年，拿破仑的军队把普鲁士的军队打得东逃西窜，还霸占了他们的首都柏林，普鲁士和法国之间的积怨越来越深。

拿破仑这么厉害，欧洲国家都感到非常害怕，为了避免法国独霸欧洲，欧洲各国决定联合起来，费尽九牛二虎之力，终于打败了拿破仑，这一系列战争被称为"拿破仑战争"，普鲁士和法国之间的仇恨就更深了一层。

打败拿破仑之后，欧洲各个国家在奥地利的首都召开了历史上著名的"维也纳会议"，会上组成了"德意志邦联"，把300多个国家合并成了39个邦国，其中奥地利成了这个组织的领头羊。

虽然有了德意志邦联，但是，这个邦联的成员之间还是争斗不停。在接下来的几十年时间里，普鲁士和奥地利选择了不同的道路。奥地利关上了门自己过日子，几乎不跟其他国家做生意；普鲁士反其道而行之，积极地搞出一个商业同盟，试图把其他小邦国都团结到自己的身边。

期间，在普鲁士出现了一位非常厉害的政治家，他就是俾斯麦。俾斯麦有一句名言："德国的统一只能靠铁和血来完成。"意思是，在他看来，想要统一德国，就必须靠发动战争，俾斯麦也因此被称为"铁血宰相"。

想要统一欧洲那么多国家可不是件容易事，不过，俾斯麦的外交手段相当厉害，他先是跟俄国搞好了关系，然后用土地收买了法国，这个最大的对手还要放到最后解决。至于英国不太需要管，因为英国在岛上，没有军队能冲到欧洲大陆上来。有了这样的准备，俾斯麦才能放心开始统一战争。

俾斯麦先后发动了普丹、普奥、普法三场大规模的战争，如此一来，外界的压力被一扫而空，再也没有人能够阻拦德国的统一了。为了出当年柏林被法国占领的这口恶气，俾斯麦特意选定了法国巴黎的凡尔赛宫，在这里郑重地宣布了德意志帝国的诞生。

这一年恰好是1871年，也就是我们今天所说的"德国"诞生的年份。想要了解细胞学说的历史，知道德国建国的历史很有帮助，因为细胞学说诞生的背景，正是在普鲁士统一德国的这段时间。为了方便，我们把这期间出现的日耳曼科学家，统称为"德国科学家"。

由于德国和法国之间积怨日深，所以在很长时间里，这两个国家在各个方面都互相看着不顺眼，连科学界都受到了影响。在了解科学的历史进程的时候，我们也经常能看到两国的科学家们针锋相对的情况。

我们已经简单了解了德国的历史，下面就要把目光落到19世纪早期的德国，去看看"德国科学家"是如何提出那些伟大理论的。

科学家是怎样炼成的？

第一位登场的科学家是一位不可多得的传奇人物。有趣的是，他虽然有着传奇人生，但是在提出细胞学说这件事上，并没有起到决定性的影响。不过，在我们的故事里，又偏偏怎么也绕不开他。这位传奇人物叫约翰内斯·彼得·穆勒。

穆勒出生在德国的科布伦茨，他的父亲是个鞋匠，家里并不富裕，庆幸的是，在学业方面，穆勒一点儿都没有落后。穆勒从小就是个聪明的孩子，老师们对他印象非常深刻。就这样，穆勒一路以优异的成绩上到了大学，不过，这个时候他的理想是当个牧师。18岁的时候，穆勒发现了自然科学的无限乐趣，于是放弃了自己最初的理想，决定去波恩大学学习医学。在波恩大学拿到医学博士学位以后，穆勒还是没有停止学习的脚步，又去柏林大学继续学习了2年。离开柏林大学以后，他回到波恩大学当了9年教授，1833年又去柏林大学担任教授，直到他生命的最后一刻。在柏林大学工作的这几十年里，穆勒还当过2次校长，只不过每次都只有1年左右。

乍一看，穆勒的人生平淡无奇，不是在搞科研，就是在搞科研的路上；不管是当学生还是当老师，他的经历只跟两所大学有关系，一所是波恩大学，另一所是柏林大学。但在他的一生中珍藏着许多不简单的故事，这些动人的故事还要从德国的大学说起。

我们已经知道，大学最早出现在13世纪初，在之后的几百年时间里，各个国家都在努力建设优秀的大学。道理很简单，国家想要强大，人才是最宝贵的，大学就是培养人才的殿堂，对于国家而言自然是重中之重。

在19世纪初，德国最好的大学是哈勒大学。这所大学不但历史悠久，而且教育质量很高，对德国乃至整个欧洲的高等教育都有很深的影响。直到今天，哈勒大学都是很棒的高校，好几位诺贝尔奖得主都出自这所大学。

德国有这么好的大学，本来是具有培养大批人才的温床，但是一个巨大的意外出现了。前面讲过，正是在这个时候，拿破仑的大军正在横扫欧洲，1806年把普鲁士打得落花流水，大片的地盘落到了拿破仑的手里。土地都归了拿破仑，建在这些土地上的大学也在劫难逃，哈勒大学就这样也落到了拿破仑的手里。

　　哈勒大学的教授们义愤填膺，他们组团逃回了普鲁士，还找到了国王弗里德里希·威廉三世。他们向国王哭诉，希望国王能重建哈勒大学，但是国王的态度非常明确：不会重建！难道是这位国王不重视教育，真要放弃这么好的大学了吗？原来，国王心里有一个更宏大的计划。

　　普鲁士虽然战败了，但这正是痛下决心进行改革的好机会，国王想要对普鲁士进行一次彻底的改革。弗里德里希·威廉三世国王之所以不想重建哈勒大学，是因为他要建一所更好的大学。

　　有了哈勒大学"跑"出来的这些优秀的教授，又经过了几年的筹备，普鲁士在1810年建立了一所全新的大学——柏林大学。在此之前，大学的主要任务就是教学生，要是教授们想搞点儿科学研究，都是私底下自己的事。但是，柏林大学不一样，从建立的那一天起，它就特别强调科学研究的重要性。也就是说，柏林大学的教授不但要教好学生，把旧知识传播下去，还要通过自己的努力去发现新知识。柏林大学积极鼓励教授们搞科研，因而调动了学生们的科研兴趣，这样的举措对科学的进步大有裨益。可以说，柏林大学是第一所把教学和科研结合到一起的新式大学。这所大学为人类科学史、教育史的发展做出了里程碑式的贡献，直至今天都是世界大学中的典范。

至于穆勒待过的另一所波恩大学，只比柏林大学晚建立了几年，是在1818年建立的。波恩大学的建立者和柏林大学一样，都是威廉·冯·洪堡，这所大学的创办理念和柏林大学基本一致，也是世界一流的大学，音乐家贝多芬、革命导师马克思都毕业于这所学校。

知道了柏林大学和波恩大学这两所大学的背景，我们再重新看一下穆勒那"简单的经历"，是不是感觉很不一样了？穆勒能在这两所大学求学、教学、任职，真的是相当"不简单"了吧！

显微镜是个好东西，希望你也有一个

穆勒的"不简单"还在于他的勤奋。在他从事科学研究的37年时间里，一共写了15000页稿子，还亲手完成了350幅版画，还有一个小故事可以说明穆勒的工作量究竟有多大。

穆勒在柏林大学当教授的时候，负责解剖学、生理学和病理学的教学，只不过当时这三门课还没有完全分开，统一成了一门课。穆勒去世之后，柏林大学把穆勒的工作一分为三，聘用了三个教授，这才把他的工作接续完成。

穆勒的"不简单"还在于他兴趣广泛，对于很多学科他都进行了研究。比如，穆勒对解剖学最感兴趣，曾对自己的学生说："没有经过解剖的都是不足信的。"再比如，他对显微镜的作用非常重视，要求在病理学研究里必须使用显微镜，穆勒是在这个领域第一个这么做的科学家。

在穆勒所生活的时代里，医生们都在学习他的研究方法。在穆勒之后的时代里，德国的自然科学研究领先于全世界。而对德国后来在科学界的辉煌来说，穆勒的研究所就是起源地。

穆勒"最不简单"的贡献在于他培养了一大批特别优秀的学生。只有真正伟大的老师才能教出比自己更优秀的学生，穆勒就是这样一位老师，他的学生有多优秀呢？

革命导师恩格斯曾经提出这样一个被学界广泛认可的说法：在19世纪的自然科学界，有三个最重要的理论，它们分别是：第一，细胞学说；第二，能量守恒和转化学说；第三，进化论。在提出第一个重要理论细胞学说的过程中，施旺和微尔啸是两位关键人物，他们都是穆勒的学生；提出第二个重要理论能量守恒和转化学说的是亥姆霍兹，他同样是穆勒的学生。

就是这位伟大的老师，亲手为我们拉开了19世纪生物学舞台的大幕。请牢牢记住他的名字，因为在后面的故事中，我们会一次又一次地见到穆勒"不简单"的身影。

约 200 年前：
细胞砌成的生命

第十章
一顿晚饭点燃的灵感

马蒂亚斯·雅各布·施莱登 (Matthias Jakob Schleiden，1804—1881)
西奥多·施旺 (Theodor Schwann，1810—1882)

德国人施莱登在研究生物学之前可谓"一事无成"，整天情绪低落。他开始研究生物学之后，事业变得顺利起来，不但提出了植物全是由细胞构成的，他的观点还影响了自己的好朋友施旺。施旺受到挚友施莱登的启发之后，提出动物也全是由细胞构成的。施莱登和施旺两人被认为是细胞学说的提出者，但是，他们的发现有没有漏洞呢？

"一事无成"的科学家

在我们今天的中学课本上记录着提出细胞相关理论的两位科学家施莱登和施旺。这两位科学家之间友谊深厚，他们相互支持、不懈努力，一起提出了细胞学说。

施莱登和施旺之所以能成为挚友，和我们之前讲过的穆勒这位伟大的老师有很大关系。这究竟是怎么一回事呢？我们先来看看施莱登的故事。

1804年4月5日，施莱登出生在德国的汉堡。施莱登的父亲是汉堡市的一位著名医生，家里十分富有，施莱登从小衣食无忧，接受了很好的教育。但是，施莱登的早年生活，用"一事无成"这个词来形容再合适不过了。

1824年，施莱登20岁的时候，他在自己家乡的汉堡大学学习法律。19世纪上大学的时间比现在短，施莱登只经过了3年的学习，就在1827年拿到了法律博士学位。

有了法律学位，施莱登顺理成章地成为了一名律师，还开了自己的律师事务所。这么看来，施莱登的人生不是挺顺利的吗？也不是"一事无成"啊！

原来，施莱登的法律事业相当不成功，不但没挣到什么钱，心情还越来越不好，情绪极度低落，而且脾气越来越暴躁，最后陷入了彻底的绝望之中。在这种情况下，施莱登居然选择了自杀。他用一把枪抵住了自己的脑门，毫不犹豫地扣动了扳机！

难道施莱登的故事就要在这里结束了吗？当然不会！要是他这么年轻就离开了，哪里还有后来提出细胞学说的事。那么，他是怎么活下来的呢？

有时候，"一事无成"也不是件坏事。正因为施莱登干什么什么不成，他把枪顶在脑门上，都没能把自己打死！这次自杀的经历也算是"因祸得福"，不但要庆幸子弹没伤到施莱登的性命，更要"感激"它让他的生命掀开了新的篇章，施莱登从此决定彻底放弃法律，改行去学医。

就这样，施莱登先是进入了哥廷根大学学医，学了两年以后又去了柏林大学，最后拿到了医学博士学位。要是按照这个趋势下去，施莱登本可以成为一代名医，但是，新的机遇降临到了他的头上。

施莱登在柏林上学的时候，遇到了两位著名的植物学家，一位是命名细胞核的罗伯特·布朗，另一位是赫克尔。这两位植物学家是好朋友，正好这个时候都在柏林，他们力劝施莱登改行研究植物学。

可是，这两位科学家早就在学术界盛名远扬，为什么会来关注施莱登这个名不见经传的小人物呢？原来，赫克尔不是外人，他是施莱登的叔叔，作为长辈，为资质不凡的侄子操心是理所应当的事。

在两位植物学家的鼓励下，施莱登下定决心要把植物学当成自己一辈子的事业，这份伟大的事业彻底改变了他的人生。就这样，施莱登在学法律、学医学之后，终于在柏林大学学医的时候认准了植物学。

　　这个时候还有谁在柏林大学呢？没错，就是那位伟大的老师穆勒。施莱登曾经在穆勒的实验室工作，当时，穆勒还有一位学生也整天在实验室忙着做实验，那就是施旺。

　　施莱登和施旺就是在这个时候交上了朋友，只不过，他们现在根本不知道，在未来的日子里，这对志同道合的朋友会共同提出让整个生物学领域发生翻天覆地变化的细胞学说。

　　在这段时间里，除了和施旺交朋友以外，施莱登还受到了老师穆勒研究方法的重要影响。我们已经知道，穆勒特别重视显微镜，他规定在生物学研究里必须使用显微镜，这一点深深地影响了施莱登。

　　当时的很多植物学家忙着搞分类学，就是把各种植物分门别类，然后制定出一个完善的系统。施莱登认为这样的研究是走了歪路，只是把植物进行简单分类并没有什么用。他认为，植物的内部是怎么运作的，里面发生了什么样的化学反应，这些才是真正值得研究的事；此外，只用"分类"这一种方法是不利于生物学发展的，应该把能用的方法全用上，这才是植物学前进的方向。

　　施莱登的想法有点儿偏颇，"分类"对于植物学研究来说是很有必要的。但是，施莱登认为"把能用的方法全用上"的想法非常好，而在他能用上的方法里，最重要的就是使用显微镜了。施莱登认为，用显微镜可以看见植物里那些肉眼看不见的东西，这样才能真正发现植物的秘密。

有了这个想法以后，施莱登找来了各种植物，将它们做成标本以后统统放在显微镜下去观察。用显微镜观察了很多植物以后，施莱登有了一个重大的发现：不管是什么植物，它们都是由细胞组成的！

在施莱登的显微镜下，植物的细胞一个个独立存在，但是它们又排列得非常有秩序，按照自己的规律共同组成了植物这个整体。这个发现太了不起了，生物学领域一直在探索的植物究竟是怎么构成的这个问题终于有了答案。

1838年，施莱登公布了自己的发现。在几千年的时间里，科学家们一直在寻找生物体里的"生命力"这个虚幻的概念，人们一直猜测，在生物体内存在这种神秘的力量。有了施莱登关于细胞的发现，人们终于实实在在地意识到，每个细胞都像个小工厂，它们日夜不停地工作着。而无数的细胞聚集到一起构成了植物的个体，每个细胞都在为这个整体服务。

直到这个时候，细胞和植物之间的关系已经弄清楚了，但是这个理论适用于动物吗？动物的身体也是由细胞组成的吗？回答并解决这个问题的人，就是施莱登的好朋友施旺。

友谊的常青藤

施莱登是一个外向且脾气暴躁的人，他的好朋友施旺和他性格相反。施旺非常内向，甚至有些羞怯，在生命的大部分时间里，施旺都在安静地进行自己的科研工作。

施旺是个地地道道的德国人，有意思的是，他既出生在法国，也出生在德国，会发生这么奇怪的事，是因为德国和法国之间有一段特殊的历史。

德国和法国两国紧紧相邻，在欧洲漫长的历史上，这两个国家没少打仗，只要一打仗就肯定要分出输赢，然后就难免要协商割地赔款的事。德法之间战火不断，有时候德国赢，有时候法国赢，导致两国中间的领土经常是今天归法国，明天就归了德国。

正因为德国和法国有这样的历史，才会有施旺这样有趣的情况。1810年，施旺出生在诺伊斯，之前这个地方是属于法国的，可是到了1815年，也就是施旺5岁的时候，诺伊斯成了德国的领土。也就是说，施旺虽然没有搬家，但是他的家乡却从法国的领土变成了德国的领土。所以，从某种意义上讲，施旺既出生在法国，也出生在德国。不过，当我们说起施旺这个人的时候，通常把他当成一个正经八百的德国人。

施旺的故事给我们提了个醒，德国的领土在历史上变动得特别大，因此，有很多非常著名的德国人，他们的出生地和家乡却不一定是德国。

1829年，施旺19岁的时候，他来到了波恩大学读医学预科。让我们回想一下，这个时候波恩大学有哪位科学家任教呢？没错，还是那位伟大的老师穆勒，此时他正在波恩大学教书，这是施旺一生的幸运。

就这样，从施旺踏入大学的第一步开始，就认识了那个时代里最好的老师，而且受到了穆勒这位老师的悉心教导。在学习了两年之后，施旺转到了维尔茨堡大学，维尔茨堡这座城市虽然不是最繁华的都市，但是维尔茨堡大学的医学专业相当出色。

施旺去维尔茨堡大学学习的是临床医学。要知道，医学是个复杂的专业，从事医学研究的人员，有些着重进行一些基础的研究，比如，细胞对人体有什么用这类问题就属于基础医学；也有些注重治疗病人，这个门类就是临床医学。

维尔茨堡大学的临床医学比较发达，施旺到这里就是要学成一身治疗病人的好本领，这样，他很可能成为一代名医，但是，事情发生了一些意想不到的变化。

1833年，施旺来到了柏林大学继续学习，在这里他再次遇到了伟大的恩师穆勒。咦，怎么又是穆勒？别忘了，穆勒先是在波恩大学工作了一段时间，后来才来到了柏林大学，继续在这里一边搞科研，一边教学生。

毕业以后，施旺通过了医学相关的考试，有了行医资格。要是去当医生的话，他本可以拥有一份收入相当可观的体面工作，施旺却选择了另外一条路，他要继续跟自己的老师穆勒搞科学研究。在接下来的几年时间里，施旺的工资少得可怜，只能靠着家里的资金支持才撑了下来。

在1834年到1839年期间，施旺成为穆勒的助手，他们共同进行了一系列研究。比如，在神经细胞的周围有一种细胞是负责支撑和保护神经细胞的，这种细胞就是施旺在这段时间里发现的，所以叫作"施旺细胞"；由于音译的不同，所以也被称为"雪旺细胞"或"许旺细胞"。

从这个时候开始，施旺开启了寻找关于细胞秘密的科学之旅，他主要研究的是动物细胞，他的好友施莱登则主要研究植物细胞。相比之下，研究动物细胞更难，因为植物细胞有细胞壁把细胞支撑起来，在显微镜下观察相对方便；并且很多植物细胞是有颜色的，而动物细胞往往是透明的，观察起来当然困难。

在这种情况下，施旺在观察动物细胞时，只能尽自己最大的能力。施旺发现动物身上的细胞虽然分成了很多种类，但是这些细胞有共同的特点，那就是里面都有一些聚成一团的深色斑点。

这些深色斑点的背后隐藏着什么秘密吗？

一顿功不可没的晚饭

施旺起初并不知道自己的这个发现到底意味着什么，好在他有一个好朋友施莱登。在1837年10月的一个傍晚，施莱登和施旺一起吃了顿晚饭，边吃边讨论各自的研究成果，这一讨论可不要紧，两个人一下子茅塞顿开。

请注意这个时间，1837年。施莱登是在1838年提出关于细胞的理论的，也就是说，施莱登在发表自己的成果之前，就跟施旺说过了不少。施莱登的发现告诉人们，所有的植物都是由细胞组成的，而且细胞核在细胞发育的过程中特别重要。

施莱登的研究成果大大地启发了施旺，既然植物细胞有这样的特性，动物细胞会不会也有这样的特性呢？动物细胞的细胞核是不是也那么重要呢？有了这样的思路，施旺的研究就有了清楚的方向。

明确了研究方向，下一步就是添置更好的设备了，施旺给自己换上了倍数更高的显微镜，终于把动物细胞里的细胞核看得清清楚楚。原来动物细胞和植物细胞的结构非常像，它们都有细胞膜在外面包裹，中间有液体状的细胞质，细胞质里漂着细胞核。

受到了施莱登的启发和鼓励，施旺紧随其后在1839年也公布了自己的研究成果。施旺指出动物跟植物一样也是由细胞组成的。换句话说，在细胞这个层面上，动物和植物十分相似。

这个发现可非常了不得，因为这样就推倒了一面墙，一面由古典时代的哲学权威亚里士多德建起来的高墙。自从亚里士多德开始，动物和植物就被划分成了截然不同的两类物质，在漫长的时间里，人们认为它们之间完全没什么共同的特性。施莱登和施旺的细胞学说提出来以后，植物和动物之间有了一个惊人的共同点，它们都是由细胞构成的，植物和动物之间的鸿沟从此消失了。他们的发现证明了动植物都是生物，而细胞学说从此成为了整个生物学研究的基础理论。

更值得一说的是，罗伯特·布朗已经命名了细胞核，施莱登也认识到细胞核的重要性，在施旺这里，细胞核的意义真正得到了肯定。事实上，当时的科学家还没有搞清楚关于细胞的很多事情，甚至连"细胞最明显的特征是什么"这个问题也没有标准的答案。而施旺对这个问题给出了自己的回答，他认为，细胞核的存在就是细胞最显著的特征。施旺还认为细胞核是细胞里最重要的东西，施莱登也赞成他的观点。不过，事实真的是这样吗？

伟大理论的小·错误

但是，关于"细胞核为什么重要"这个问题施莱登和施旺其实并没有答案。很重要的一个原因是他们并不知道细胞到底是从哪里来的。

这对好朋友认为，在原有的细胞上会长出一个新细胞。在细胞内部存在没有任何结构的液体，施莱登认为，新细胞就是从这些液体里长出来的，这样的一个过程跟结晶的过程很相似。而施旺则费了很大的心思，他解释这其实不是结晶，只是一个比喻罢了。

其实，施莱登和施旺关于细胞形成的这些理论，你并不需要搞得十分清楚，因为按照我们现在的知识，他们的这些看法都是错的。我们只需要简单地知道他们的两个观点：第一，新细胞是从老细胞没有结构的液体里长出来的；第二，因为新细胞是从老细胞里长出来的，所以它们之间存在着某种"主次关系"。

尽管施莱登和施旺提出来的细胞学说还不够完善，但已经是生物学历史上了不起的成就了，只要我们提起细胞学说，那么这个理论公认的发现者就是这对志同道合的好朋友：施莱登和施旺。他们让我们知道，细胞是构成生物的基础，不管对植物还是动物来说都是这样。

但是关于"细胞究竟是从哪里来的"这个问题，既然施莱登和施旺的观点是错误的，那么，又是哪位科学家给出了它的正确答案呢？

11

约 200 年前：
细胞砌成的生命

第十一章
所有的细胞都来自细胞

弗朗索瓦·文森特·拉斯帕尔 (François-Vincent Raspail，1794—1878)
罗伯特·雷马克 (Robert Remak，1815—1865)

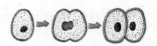

　　法国科学家拉斯帕尔率先提出"所有的细胞都来自细胞"这一观点，但并没有引起人们的足够重视；穆勒的另一位学生雷马克继承了拉斯帕尔的这个观点，虽然只引起了一个人的关注，但是这个人真正完善了细胞学说。拉斯帕尔和雷马克默默地做出了哪些贡献？

被忘掉的重要人物

　　细胞究竟是从哪里来的？关于这个问题，实际上，施莱登和施旺提出了错误的观点，他们认为细胞是从无生命的物质里诞生出来的。今天我们已经知道，新的细胞是从原有的细胞中分裂出来的，这个正确的观点同样是经过好几位科学家共同努力的成果。

关于细胞学说的提出，尽管大部分功劳都要算到德国科学家头上，但是其他国家的科学家也并不是毫无贡献。最早提出"细胞源自细胞"这个观点的人便是个法国人，他的名字叫作弗朗索瓦·文森特·拉斯帕尔。

拉斯帕尔的学习经历十分曲折，从16岁上大学开始，他花费了3年时间学习神学，本来是想成为一名牧师。但是，当时法国政治动荡，国内局势非常混乱，他出生的年代正是我们提到过的法国大革命时期，所以，在拉斯帕尔的童年时代，经历了法国最为动荡的一段时间。

在法国大革命期间，基督教的地位直线下滑。以前的法国，从国王到平民都虔诚地信奉基督教，但是，在大革命爆发后，法国人废除了基督教的统治地位，牧师这个职业的前景也变得不容乐观。

在这样的环境下，拉斯帕尔虽然学习了好几年神学，但还是决定转行。于是，他阴差阳错地又学习了4年法律，眼看要成为一名律师。当时，律师是一个很好的职业，可再一次做决定的时候，拉斯帕尔开始扪心自问他真正的兴趣是什么。经过一番慎重的思考之后，拉斯帕尔决定转向自己最喜爱的方向——自然科学。

在学完法律之后，拉斯帕尔开始学习自然科学，在这次学习中，他无比投入，非常热爱，最终成为了一位著名的植物学家。在植物学界闯出了一片天地以后，拉斯帕尔又开始涉足政治，甚至还参加了法国总统的竞选。

不得不说，拉斯帕尔在法国历史上是位举足轻重的人物。直到今天，法国很多地方的街道和广场以及巴黎的一个地铁站，都是以拉斯帕尔的姓氏命名的。

拉斯帕尔对于科学界的贡献可谓硕果累累，尤其他也认识到了显微镜的价值，特别强调在植物研究的过程中要使用显微镜。通过显微镜，他发现了植物细胞存在分裂现象，为了描述这个现象，他写下了一句非常著名的话：omnis cellula e cellula。

这句话是用拉丁文写成的，意思是"所有的细胞都来自（已有的）细胞"，这句话说明拉斯帕尔已经观察到了细胞分裂的现象。所谓细胞分裂，就是一个细胞变成了两个细胞。简言之，就是细胞把自己复制了。

要知道，我们每个人乃至自然界的每个生物，最初都是由一个细胞发育而来的。这个细胞不断分裂、不断复制自己，数目越来越多，最终才形成了一个完整的生物。也就是说，如果没有细胞分裂的话，自然界就不会有多种多样的动物和植物。

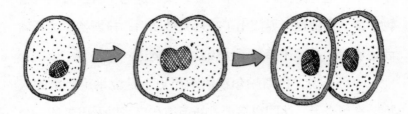

生物在活着的时候，细胞也会不断地衰老、死亡。我们会在秋天看到树叶枯黄落下，在这个过程中，构成树叶的细胞就会死掉。对于人来说，细胞也有类似的过程，那么，这些细胞死掉以后，应该如何重新补充上来呢？这就需要不断产生新的细胞，这个过程同样也需要通过细胞分裂来完成。

简单地说，细胞分裂是生物维持生命的最基本的条件，没有细胞分裂也就没有丰富多彩的生物界。拉斯帕尔在显微镜下看到的就是这样一个对生命无比重要的过程。遗憾的是，他虽然观察到了细胞分裂现象，却没有对它进行更深入的研究。

不过，科学发现的过程总是充满了艰辛，科学家们就像在进行一场漫长的接力赛。拉斯帕尔已经为下一棒"选手"指明了正确的方向，总会有人接过他手中的接力棒继续前行，推动科学不断前进的脚步。

没有画皮，人也能分层

接过拉斯帕尔接力棒的又是一位德国科学家，他的名字叫作罗伯特·雷马克，他出生在普鲁士小城波森，现在这个城市属于波兰，叫作波兹南。

虽然雷马克的故乡现在属于波兰，但是，他的一生基本都是在德国度过的。1833年，雷马克进入了德国最好的大学——柏林皇家弗里德里希·威廉大学，开始学习医学。

你肯定产生了疑问，我们之前不是说过，德国最好的大学是柏林大学，这个弗里德里希·威廉大学又是从哪儿冒出来的呢？其实，这所大学就是柏林大学，只是在1828年改了个名字，因为当时的国王是弗里德里希·威廉三世，所以柏林大学的名字里就加上了这位国王的名字。

在柏林大学上学的时候，雷马克遇到了一位非常棒的老师，至于这位老师是谁，想必你一定猜到了，他还是穆勒。19世纪的学科还不像现在分得这么细，加上穆勒既勤奋又兴趣广泛，对各个学科都研究得很深入，所以他的学生也得到了真传，综合素质很高。

　　雷马克首先在神经系统方面进行了很多研究，如果你将来选择医学或者生物学作为专业，就会学到，在心脏有一种结构叫雷马克神经节，就是这位罗伯特·雷马克发现并命名的。

　　更厉害的是，关于生物发育的问题，雷马克也有非常重要的贡献，那就是三胚层理论。他发现，对于结构比较复杂的动物来说，在发育的过程中有一个阶段胚胎可以分成三个胚层，分别是外胚层、中胚层和内胚层。这三个胚层分别发育成不同的器官，对于人类来说，都要经历这样一个阶段，最终才发育成完整的个体。在雷马克之前，已经有科学家提出了胚层的概念，但他们认为胚层一共有四层，而雷马克纠正了这个错误。

　　人类的神经系统、皮肤组织是外胚层发育成的；而肌肉、骨骼、循环系统、消化系统等是中胚层发育来的；至于肝脏这样的消化腺，还有肺、膀胱等器官的上皮细胞则是从内胚层发育来的。这三个胚层最终发育成什么器官，对于医生来说意义非常重大。

　　除了三胚层理论对科学界、医学界的贡献之外，雷马克对于细胞学说也有极大的贡献，毕竟他是名师穆勒的学生，非常重视显微镜在生物学研究中的重要性。

为了研究胚胎，雷马克用显微镜观察了鸡和青蛙发育的过程，并且观察到了细胞分裂的现象。在经过一番思考之后，雷马克认为这种分裂现象不是偶然的，对于细胞来说，这是普遍现象。在细胞分裂这个问题上，雷马克延续了拉斯帕尔的理论，他也坚信"所有的细胞都来自细胞"这个观点。细胞学说一共有三条，"所有的细胞都来自细胞"是第三条。可以说，雷马克对细胞学说进行了重要的补充和修正，他理应在科学史上拥有一席之地。

但是，雷马克这个在生物学、医学、科学界做出了巨大贡献的科学家，为什么在很多专门讲生物学史的书里，我们都看不到他的名字呢？为什么相对于科学史上的其他科学家，他的名气这么小呢？

科学界也有不公平

学问和成就都出色的雷马克屡屡被忽视的关键原因是他是个犹太人。在欧洲历史上，迫害犹太人似乎成了一种"传统"，这个传统从古罗马时期就开始了，随着时间的推移，这种"传统"不但没有被制止，反而愈演愈烈。

在罗马帝国时代，罗马人占领了犹太人的土地，使得犹太人失去了安身立命的根本，从此以后犹太人再也没法靠农业生产生存下去了。正是因为这个原因，在大约2000年的时间里，犹太人只能靠做生意在夹缝里求生存。即使勉强找到了生存之道，犹太人依然经常要面对重重危机，这是怎么回事呢？

原来，做生意分很多种。在中世纪晚期，欧洲的银行业兴盛了起来，有了银行就要涉及利息的问题，而按照基督教的教义，绝对不允许放高利贷。可是，犹太人没有土地，他们自然对新兴的银行业有很大热情，所以就经常涉及高利贷这项业务。这样一来，就给那些居心叵测的人留下口实，每当迫害犹太人的时候，放高利贷就成了犹太人最大的罪名。

也许你会想，只要犹太人经营银行业的时候把利息控制得低一点儿，不放高利贷不就不会落下把柄了吗？但这样是不可能的。因为当时基督教教义里的高利贷和我们理解的高利贷不一样，只要有利息就算是放高利贷。

如果没有利息，犹太人就无利可图，没法生存下去；如果有利息，又违背了教义，这种两难的境地成了犹太人苦难命运的根源。每当欧洲的国王和贵族需要钱财的时候，就会找犹太商人借钱；而他们想要赖账的时候，又会找出各种借口迫害犹太人。

哪怕是一些号称自由的欧洲国家，在对待犹太人的时候也毫不手软。比如，威尼斯共和国这个国家还是比较敢于和教廷对抗的，就算是这样，犹太人生活在威尼斯的时候，也只能居住在特定的隔离区里，叫作隔都。在莎士比亚的著名作品《威尼斯商人》里，反面角色也是犹太人。

可以看到，在欧洲的传统里，犹太人一直地位不高，时不时受到迫害，即使在相对和平的年代里，犹太人也经常受到各种各样的歧视。

在19世纪早期，普鲁士对待外来移民和民族问题还相对宽容，这也是普鲁士越发强大的重要原因。但是，在雷马克生活的年代里，普鲁士的态度发生了变化，犹太人的压力越来越大，犹太科学家想有所成就非常难。

早在1838年，也就是施莱登提出"所有的植物都是由细胞组成"的那一年，雷马克就已经在柏林大学取得了医学博士学位。当时的雷马克非常想留在柏林大学任教，并且通过自己的天分和努力，最终成为一名教授。但是，按照普鲁士当时的法律，犹太人根本不能留校当老师。

为什么普鲁士偏偏不让犹太人当大学老师呢？因为建立

柏林大学的时候，是得到了普鲁士国王的大力支持，政府出钱出力。换句话说，柏林大学完全是靠国家的力量建立起来的，普鲁士其他大学也不例外。

如此一来，普鲁士的大学跟国家紧紧绑在一起。这样就带来了一个结果，大学教授同时也是政府官员，普鲁士这个国家之所以不让犹太人留在大学教书，是因为它不想让这些人成为官员，雷马克就是这个政策的直接受害者。

不过，这一切不公平的遭遇都无法阻挡雷马克的科学热情，为了自己的理想，毕业以后他继续留在穆勒的实验室工作，即使一分报酬都没有。为了养活自己，他在进行科学研究的同时，还要靠行医挣钱，非常辛苦。

在这么恶劣的条件下，雷马克始终没有死心。坚持了几年之后，他在1843年干脆直接给国王写了一封信，要求成为教师，但是，国王依然拒绝了他的请求。这一次打击还是没有让雷马克灰心丧气，他继续埋头全心进行科学研究。

就在同一年的11月，雷马克进入了夏洛特医院工作。正是在这段时间，他提出了三胚层理论、发现了雷马克神经节，雷马克用自己的行动证明了医院里的医生同样可以成为非常了不起的生物学家。

到了1847年，柏林大学实在无法忽视这样一位科学家的诉求，终于同意雷马克成为讲师。于是，雷马克成为柏林大学第一位犹太籍教师，即便是这样，他在柏林大学的升迁道路也非常曲折。

直到1859年，雷马克才艰难地成为了助理教授。对于雷马克众多的伟大发现来说，区区一个助理教授的职务实在是太委屈他了。

不得不说，雷马克遭遇的不公平、不公正的待遇也是千千万万犹太人悲惨命运的缩影。更令人扼腕的是，在第二次世界大战期间，德国对犹太人的迫害达到了顶峰，无数犹太人在集中营里失去了生命。罗伯特·雷马克的孙子罗伯特·埃里克·雷马克是一位著名的数学家，作为一名第二次世界大战期间生活在德国的犹太人，这位数学家也难逃厄运，最终在臭名昭著的奥斯维辛集中营里惨遭杀害。

不管是法国的拉斯帕尔，还是德国的雷马克，他们提出并印证了"所有的细胞都来自细胞"这个重要的发现。因为种种不可避免的原因，他们的发现都没有得到应有的重视，他们本人也没有得到应有的声誉。但是，他们对于细胞学说的贡献是实实在在的，他们在苦难中依然全身心投入科学的热忱将永远不会被忘记。

在这两位重要的科学家之后，另一位分量更重的人物出现在生物学和医学的历史上，正是在他的手里，细胞学说得到了最后的完善，成为了19世纪自然科学三大发现之一。

他是谁呢？

约 200 年前：
细胞砌成的生命

第十二章
一锤定音

鲁道夫·微尔啸 (Rudolf Virchow，1821—1902)

　　在穆勒的众多学生之中，成就和影响最大的就
是微尔啸，他创立了细胞病理学，堪称一代宗师。
他对细胞的发现，完善了整个细胞学说，该学说成
为19世纪自然科学界的三大理论之一。这位有点儿
"另类"的宗师是如何做到的？

最伟大的学生

　　1821年10月13日，鲁道夫·微尔啸出生在希维德温。
这个地方在普鲁士北部，紧邻波兰，在历史上它有时属于普
鲁士，有时属于波兰。不过，不管从历史还是文化上讲，微
尔啸都是不折不扣的德国科学家。

　　微尔啸是家里的独生子，父母特别宠爱他。他的父亲虽
然不算很富有，但是兴趣相当广泛，在业余时间还研究过一

些植物学。对于自己视若珍宝的儿子，这位父亲非常重视他的教育。

在微尔啸小的时候，父亲就特意为他请了非常好的老师，微尔啸也不负父亲的期望，很快就展现出了非凡的语言天赋，不仅学会了法语、荷兰语和意大利语，还掌握了阿拉伯语和希伯来语，这可不是一般人能做到的。

但是，微尔啸家里并不富裕，想要学其他专业的经济负担还是不小，好在他得到了一个很好的机会。当时的柏林大学有个附属机构叫弗里德里希·威廉研究所，在这里上学的学生不但可以免学费，而且包吃包住，节省大量的生活费用。这是因为它是为军队设置的，不过享受这样的待遇是有条件的，从这里毕业的学生必须参军，为军队服务很长时间。

对微尔啸来说，这是难得的机会。尽管毕业之后要当兵，不过普鲁士一直就是个军国主义国家，实行普遍的兵役制度，这样的条件对微尔啸而言也并不是障碍。

就这样，微尔啸在1839年拿到了奖学金来柏林大学学习医学。在这段时间里，微尔啸的学习非常辛苦，因为这里实行军事化管理，吃饭、睡觉都要遵照严格的规矩，而且每个星期要上60个小时的课，课业相当繁重。

在柏林大学上学期间，给微尔啸讲解剖学课程的可不是一般人，依旧是伟大的老师穆勒教授。在解剖学课上，微尔啸敢于亲自动手，在穆勒的指导下进行精准的操作，这给穆勒留下了很深的印象。此时，穆勒虽然觉得微尔啸是个好学生，但他根本想不到，这个身材矮小的微尔啸将成为他最优秀的学生。

微尔啸异常勤奋，每天只睡5个小时。柏林大学是世界一流的大学，微尔啸既聪明又勤勉，在这学习的4年时间里，他渐渐地具备了一流科学家的素质。

1843年，微尔啸从柏林大学毕业，来到夏洛特医院当实习医生。也正是在这一年，穆勒的学生、微尔啸的师兄雷马克到了这家医院，这个时候的雷马克正在一边跟着穆勒进行科学研究，一边当医生挣钱养家糊口。

雷马克身为犹太医生，在科研的路上走得非常艰难；微尔啸则不然，这位年轻的医生自毕业之后，就开启了光芒四射的人生。他抛开一切杂念，把自己的全部精力投入到了科学研究之中，而且绝不迷信权威，只相信真理。

在微尔啸的一生里，很多学术界权威败在他的手下，很多权威理论变成了过往云烟。可以说，微尔啸这一生从来没有"服"过谁，更厉害的是大多数的较量之中，他都是那位

"超级大赢家"。

我不服！

第一个被微尔啸击败的权威科学家是法国的病理学家克鲁维利埃。这位科学家在进行尸体解剖的时候发现，在很多尸体的血管里有血凝块，它们是怎么形成的呢？

克鲁维利埃认为这是因为静脉里发生了静脉炎，静脉炎引起了血栓的形成，于是，血管被堵塞了，很容易危及人的生命。因此，克鲁维利埃提出了一个重要的观点："所有的疾病都是静脉炎引起的。"这个观点是正确的吗？

微尔啸对克鲁维利埃的观点深表质疑，他决定拿起老师穆勒最为重视的武器——显微镜一探究竟。他仔仔细细地观察了那些有血栓的尸体，很快提出了自己的观点。果不其然，实践出真知，微尔啸的正确观点成为了关于血栓的经典理论。

按照克鲁维利埃的理论，血栓在哪里形成就在哪里引起疾病；但是，微尔啸发现事情并不是这样，比如，肺栓塞，确实是因为血栓引起的，但是血栓却不是在肺里而是在别处形成，然后顺着血管一路来到肺里引起疾病。

微尔啸是通过观察尸体提出这个猜想的，但是想要证明这个猜想是不是正确，可就没那么容易了。于是，微尔啸在狗身上进行了实验，证明了血栓确实可以顺着血管流到身体的其他部位，并且引起严重的疾病。

根据自己的实验结果，微尔啸提出了"血栓"和"栓塞"的区别。血栓是在哪儿形成就在哪儿引起疾病，而血栓跑到其他地方引起疾病的是栓塞。更重要的是，微尔啸还解释清楚了在什么情况下会形成血栓。

微尔啸在显微镜下发现，凡是形成血栓，出问题的部位都会出现三种现象：第一，血流迟缓；第二，血管内皮损伤；第三，凝血倾向。这就是著名的"微尔啸三要素"，在医学上非常重要。

别看这三个要素看起来充满专业气息，但其实跟我们的日常生活关系很大。比如，血流迟缓这种情况何时会出现呢？那就是在活动量小的时候，如果长时间在床上躺着不动，很容易在腿上的血管里形成血栓。明白了这个道理，我们就知道运动的重要性了。

在关于血栓的问题上，微尔啸的理论打败了克鲁维利埃的观点，而此时的微尔啸不过是个刚刚毕业的大学生，初出茅庐就击败了一位著名的科学家，让当时的科学界大吃一惊。

我还是不服！

大家更没想到的是，这仅仅是个开始，微尔啸很快瞄准了另外一位科学家，他就是奥地利的病理学家罗基坦斯基。

罗基坦斯基的名气更大，他在维也纳大学当了十几年教授，学生遍布天下，就连贝多芬去世的时候，都是他亲手进行的尸体解剖。在漫长的科研生涯里，罗基坦斯基解剖了3万多具尸体，称他为"权威"一点儿不为过。

罗基坦斯基把自己多年以来积累的经验和知识汇总起来，出版了一套巨著《病理解剖学手册》，这套书刚一出版就被认为是病理学的经典著作，影响相当广泛。

但是，微尔啸并不这么觉得，当他拿起《病理解剖学手册》的时候，马上就发现罗基坦斯基虽然经验丰富，但是他几乎没有使用显微镜。要是不用显微镜，自然无法知道人体的微观结构，虽然罗基坦斯基记录了大量的病例，但是在"为什么会引起这样的病变"这个问题上，难免犯了很多的错误。

我们已经知道，在四体液理论中人体是一个整体，随着解剖学的发展以及显微镜的使用，科学家们对人体结构的认识越来越细、越来越深，四体液理论逐渐被推翻。但是，四体液理论并没有彻底退出历史舞台，还有很多人对它深信不疑。罗基坦斯基虽然对四体液理论谈不上深信不疑，但也是念念不忘。在他的著作里，试图把现代科学知识和四体液理论融合在一起。他认为，人体内的蛋白质能对体液产生影响，要是蛋白质的含量失去了平衡，就会引起疾病，这跟四体液理论一脉相承。

罗基坦斯基还提出了"原基"这个概念，其实这是他凭空想象出来的东西，事实上这种事物根本不存在。但是，罗基坦斯基认为，细胞就是从这个所谓的"原基"里产生出来的，要是血液健康，原基也就健康，它产生的细胞自然是健康的；反之，细胞就是不健康的，会引起疾病。

在科学上，一种东西到底存在不存在，只有亲眼看见才是可靠的。微尔啸一方面擅长使用显微镜进行实证研究，很容易发现罗基坦斯基的错误；另一方面性格上他向来不给别人留情面，经常选择硬碰硬。于是，微尔啸在1846年公开发表了一篇论文，直接指出了《病理解剖学手册》这套书里的错误，这让罗基坦斯基乃至整个科学界十分震惊。

在维也纳的学术界，罗基坦斯基是当之无愧的最高权威，如果其他人有什么学术相关的争论，都要由他来进行裁决，根本没人敢批评他。在刚看到微尔啸论文的时候，罗基坦斯基满心怒气，但是再仔细一看，罗基坦斯基忍不住出了一身冷汗。

原来，微尔啸的文章虽然语气十分不客气，但是有理有据，每个观点都是经过实验，得到了充分印证的。更何况这篇文章条理清楚，把事情说得明明白白。罗基坦斯基按照微尔啸的实验方法对微尔啸的观点一一进行验证之后只能承认，这个微尔啸说得对！

可是，罗基坦斯基此时并不知道写出如此高水平文章的微尔啸到底是谁，他赶紧四处打听，这才知道微尔啸不过是个毕业没多长时间的年轻人，这个时候才刚刚25岁。

这时，一个巨大的难题摆在罗基坦斯基的面前：如果凭借自己的声望打击微尔啸也许可以挽回一些面子，但这明显不利于科学的发展；如果承认微尔啸是正确的，那么，自己毕生的研究以及声望就要大打折扣。

罗基坦斯基不愧是伟大的科学家，不光在学术上成就巨大，在气度上也相当不凡。他最终决定追随真理，公开承认

微尔啸的发现是正确的，这份胸怀值得后代科学家学习。更值得称赞的是，他还主动跟微尔啸联系，两人虽然年龄差距很大，却成为了关系密切、志趣相投的忘年交。

　　此后，微尔啸在欧洲的名气越来越大，毕竟他在毕业后仅三年，就已经打败了两位著名的科学家。这还不够，他还在这期间的1845年发现并命名了一种发生在血液中的癌症，也就是今天所说的白血病。

　　对于其他科学家来说，有了这些成就足够夸耀一辈子的了，但是对于微尔啸光辉的一生而言，这仍然只是个开始。

189

细胞学说的最后完善

后来，微尔啸遭到政治迫害，离开了柏林，但是他的研究工作一点儿也没耽误，他来到了一所同样优秀的大学——维尔茨堡大学。在这里，他度过了7年充实的时光，在学术上取得了重大成就。

一开始，微尔啸并不相信细胞可以产生细胞，他知道雷马克的观点以后并不认同。但是，微尔啸毕竟是个非常有科学精神的人，不管什么事情都要亲自研究一下才谨慎地下结论。于是，他进行了仔细的观察，很快敏锐地发现，雷马克的结论是正确的，而自己是错误的。他及时更正了自己的错误，承认新的细胞是通过分裂产生的。没过多长时间，他就发表了论文，向学术界公布了这个消息。

微尔啸曾经创办了一个学术期刊，叫作《微尔啸文库》，关于细胞学说的这篇论文就发表在这个期刊上。在这篇文章里，微尔啸对细胞学说的正确性进行了强调，详细说明了细胞是所有生物最基本的单位。如果把人体比喻成一座房子的话，细胞就是盖房子的砖。这些砖千姿百态，有很多不同的形状，正是这些不同样式的砖块堆叠成了生物。更重要的是，他明确提出了细胞学说的最后一条，细胞不会无中生有，也不会从没有生命的物质里直接诞生出来；细胞只能从原有的细胞中分裂出来，并且代代相传。

正是在这篇文章里，微尔啸重复了拉斯帕尔和雷马克说过的那句话："所有的细胞都来自细胞。"正因为微尔啸在生物学界的崇高地位，这句话才有了巨大的影响力。

但是，不得不说，有一点微尔啸做得不够厚道，在发表这个观点的时候，他完全没有提及拉斯帕尔和雷马克的贡献。所以，有一些历史学家认为，微尔啸剽窃了雷马克他们的研究成果。

对于这样的说法，我们应该给予客观的评价。一方面，雷马克的贡献确实没有得到应有的重视，雷马克本人也没有得到应有的尊重；另一方面，微尔啸提出的观点更加完善，比那简单的一句话更值得被纪念。

为什么说微尔啸的观点更加完善呢？因为单纯发现细胞分裂，并不足以建立完善的细胞学说，微尔啸虽然受到了雷马克的启发，但是他把这个学说向前推进了一大步。微尔啸的厉害之处在于，他不但研究了细胞本身，还研究了细胞生存的环境。简单地说，细胞是很脆弱的，必须在一个安全的、稳定的环境里才能得以良好生存。而细胞存在于生物的体内，所以细胞生活的环境被称作"内环境"。

有一点值得注意，细胞内部是有液体的，这就是细胞内液，细胞外面的液体就叫作细胞外液。细胞生活的环境是指细胞外面的东西，也就是说，细胞外液形成的环境是内环境。这里的"内"和"外"一定要分清，细胞内液和细胞外液的"内外"是根据细胞来划分的，而"内环境"的这个"内"指的是生物体内。如果能搞清楚这一点，将来你上生物课的时候，一定会轻松很多。

在微尔啸对细胞生活环境的研究之后，细胞学说变得越发完善了，直到今天也没有重大变化，可以说细胞学说仍然是生物学领域中最重要、最基础的学说之一。

后面的话：
一直"在路上"的生物学

　　读完这本书，你和我一起看到了2000多年来生物学是如何发展的，并且你也已经知道，直到19世纪细胞学说被提出，生命如何被构建的秘密有了答案。

　　不过，现在我还要告诉你，在认识生命的整个过程中，细胞学说既不是起点也不是终点。在微尔啸揭示了"所有的细胞来自细胞"这个秘密之后，科学家们还在继续向前走，他们想要知道，究竟细胞内部存在着怎样的结构？这些结构发挥了怎样的作用？

在这些科学家的努力下，细胞的秘密一步一步地被人类继续揭示开来。在微尔啸完善细胞学说的30多年之后，一位叫作弗莱明的科学家证明了细胞如果想分裂出新的细胞，首先要进行细胞核的分裂。这个时候人们才知道，细胞核对于细胞具有多么重要的意义。

其他科学家还发现，除了细胞核之外，细胞里面还存在着线粒体、内质网、中心体、叶绿体、高尔基体和核糖体等，这些东西被统称为细胞器。要知道，每一种细胞器都有特定的功能，细胞其实并不像砖头那么简单，它们不仅要把生物体搭建起来，不同的细胞还要实现不同的功能。比如，肝脏的细胞能分泌胆汁、胃里的细胞会分泌出胃酸，它们都能帮助我们消化食物，而这些功能都要靠细胞里面的细胞器来实现。

可以说，当认识到细胞器的功能时，生物学家对于细胞的了解就进入了更深的层次。或者说，对于生物结构的认识，又往前迈进了重大的一步。那么，有没有比细胞器更小的结构呢？当然有。

世界上的每一种物质，都是由微小的粒子诸如分子和原子构成的。在生物体之中，分子和原子不仅是砖头那么简单，它们对于生物的功能同样起着非常重要的作用。比如，蛋白质就是一类分子的统称，对于生物来说，蛋白质是一种必须的营养物质，如果没有足够的蛋白质，生物根本活不下去。在分子这个层面上去认识生物体，我们又迈进了一步。

分子是由原子构成的，所以原子比分子更小。在我们的体内也有很多必须的原子，比如，我们每天都要吃的盐，它的成分是氯化钠，氯化钠是由一个氯原子和一个钠原子构成的。当我们把盐吃进去以后，它们就会变成氯离子和钠离子，离子就是带电的原子，这些成分都是我们日常生活所必需的。如此说来，我们对生物体的认识已经达到了原子的层次，听到这里，你大概就能理解为什么细胞学说既不是起点也不是终点了。

人类对于生物的认识，从宇宙浩瀚无穷的层面开始，经历系统、器官、组织、细胞、分子、原子这些不同的层次，在逐渐认识生物体结构的过程中，细胞学说是重要的一站。

科学家们对于细胞学说的发现和完善给科学的发展指明了正确的方向。未来，我们在奇妙的生物体中，是否还会有更多的发现？我相信，一定会的；我更相信，在科学的未来之中，必有你的一席之地。